트래블로그Travellog로 로그인하라!
여행은 일상화 되어 다양한 이유로 여행을 합니다.
여행은 인터넷에 로그인하면 자료가 나오는 시대로 변화했습니다.
새로운 여행지를 발굴하고 편안하고
즐거운 여행을 만들어줄 가이드북을 소개합니다.

일상에서 조금 비켜나 나를 발견할 수 있는 여행은
오감을 통해 여행기록TRAVEL LOG으로 남을 것입니다.

모로코 4계절

모로코는 날씨가 크게 건기철(5~10월)과 우기철(11~4월)로 나누어진다.
지역별로 기후의 특성이 뚜렷하여 북부지역은 지중해성 기후(여름-고온건조, 겨울-온난다습), 중부지역은 대륙성 기후(여름 : 고온건조, 겨울 : 한랭), 남부지역은 사막성 기후(고온건조, 주야간 기온차 심함)를 나타낸다. 가장 방문하기 좋은 시기는 4~5월의 봄과 10~11월의 가을이다.

봄 · 가을

해안은 휴양하기에 매우 좋은 시기이지만 내륙은 봄부터 급격하게 기온이 올라가면서 5월이면 여름으로 바뀐다. 기후는 전형적인 지중해성 기후로 겨울에는 따뜻하고 습기가 많으며 여름에는 무덥고 건조한 것이 바로 지중해성 기후의 특징이다.

여름

해안은 휴양하기에 매우 좋은 시기이지만 내륙은 매우 덥고 사막에서 불어오는 열풍으로 기온이 40도 이상 올라간다.

겨울

마라케시와 그 이남지역은 낮 시간에 여행하기 좋지만 아침과 저녁에는 매우 춥다. 하이 아틀라스High Atlas지역과 다른 산맥지역은 겨울에 눈이 내려 길이 패쇄 된다. 아틀라스 산맥의 고지대 마을에는 폭설이 내린다는 뉴스도 볼 수 있다.

폭풍이나 산사태 등의 자연재해는 없으나, 모로코 북쪽 알호세이마Al Hoceima 인근 지역에서 지진이 발생한 바 있다. 2010년에 강도 높은 지진이 발생하였다.

“영화 ‘알라딘’ & 드라마 배가본드의 촬영지 미리보기”

스페인의 타리파까지 배로 1시간 걸리는 모로코의 최북단에 있는 도시. 유럽과 아프리카를 잇는 주요 거점으로 다양한 문화가 혼재

쉐프 샤우엔 | Chefchaoeum

산간에 위치한 파란색 스머프 도시

아실라 | Asilah

벽화로 유명한 해안 벽화마을

페스 | Fes

가죽 작업장의 이국적 풍경이 인상적인 고대도시

카사블랑카 | Casablanca

모로코를 대표하는 항구도시

마라케시 | Marrakesh

천년의 역사를 자랑하는 고대도시이자 모로코 최대 도시

사하라 사막 | Sahara Desert

모로코여행에서 가장 이국적인 경험

에사우이라 | Esauira

포루투갈의 지배를 받은 풍요로운 바람의 천국

Contents

모로코 여행에 꼭 필요한 Info

》 지중해 연안 & 동부 지방

〉〉 대서양 연안

〉〉 센트럴 모로코

Intro

영화 속 세상같은 비현실적인 아름다움이 존재하는 모로코, 억겁의 신비가 가득한 나라, 모로코 여행은 신선하다.

모로코에 들어선 순간 까마득한 시간 여행을 떠난다. 바라볼수록 믿기 어려운 모로코 각 도시만의 아름다움을 보게 된다. 각 도시마다 오래된 메디나를 마주하면 오랜 시간의 흔적을 느낄 수 있다. 아랍인과 베르베르인들이 만든 주거지이자 생활터전, 구불구불하고 화려한 색상의 메디나 생활공간은 모로코의 옛 시절을 떠올리게 한다. 이 도시를 살아가는 모로코인들은 여행객들의 감탄을 자아낸다.

천년동안 유지되던 메디나가 다시 전 세계인에게 각광받고 있다. 메디나 안에서 머물고 싶어하는 관광객이 모로코 전통양식 집인 리야드에 들어가려고 좁은 문에 서 있다가 문을 통과하면 뜻하지 않게 큰 공간에 놀라게 된다. 메디나의 삶을 보면서 아랍인들의 삶을 다시금 생각하게 된다.

아틀라스 산맥의 가파른 산을 올라가는 것은 쉽지 않다. 아틀라스 산맥을 지나가는 길은 관광객마다 느낌이 다르다. 힘들다는 관광객도 있지만 굽이굽이 지나는 산맥의 아름다움에 취하기도 한다. 아틀라스 산맥을 넘어 사하라사막에 도달하면 힘든 여행자에게 모로코 여행의 맛이 극대화된다.

모로코 여행은 처음에는 단순히 도시가 예쁘다며 빠져들지만 여행을 하면 할수록 모로코 역사를 몰라 어떤 건물인지 어떻게 봐야 하는지가 여행의 문제가 된다. 그래서 #해시태그 모로코에는 모로코 관련 역사와 이슬람 지식을 같이 모로코의 각 도시로 연결시켰다는 점이 가장 큰 장점인 가이드북이다.

#해시태그 모로코에는 이슬람교에 대한 기본지식부터 모로코여행의 기본적인 각 도시 정보, 여행계획을 짜는 방법, 렌트카 여행법까지 상세하게 실어 놓았다. 이슬람 지역의 여행이지만 개방적인 민족성과 안전한 이슬람 문화를 거부감 없이 접할 수 있는 나라로 계속 여행자가 늘어나고 있다. 이방인에게 더없이 궁금증을 자아내는 사람들이 사는 곳, 역사적으로 다양한 문화가 어우러져 멋진 모자이크를 이루는 모로코로 떠나보자!

벨라루스
Belarus
폴란드
Poland
독일
Germany
러시아
Russia
체코
Czech
우크라이나
Ukraine
오스트리아
Austria
헝가리
Hungary
프랑스
France
루마니아
Romania
우즈베키스탄
Uzbekistan
크로아티아
Croatia
흑해
조지아
Georgia
불가리아
Bulgaria
투르크메니스탄
Turkmenistan
이탈리아
Italy
포르투갈
Portugal
스페인
Spain
그리스
Greece
터키
Turkey
알바니아
Albania
마케도니아
Macedonia
요르단
Jordan
시리아
Syri
이라크
Iraq
이란
Iran
모로코
Morocco
알제리
Algeria
리비아
Libya
이집트
Egypt
사우디아라비아
Saudi Arabia
모리타니
Mauritania
말리
Mali
니제르
Niger
기니
Guinea
차드
Chad
수단
Sudan
예멘
Yemen
부르키나파소
Burkina Faso
시에라리온
Sierra Leone
나이지리아
Nigeria
에티오피아
Ethiopia
코트디부아르
Republic of
Cote d'Ivoire
가나
Ghana
중앙아프리카 공화국
Central African Republic
소말리아
Somalia
카메룬
Cameroon
베냉
Benin
라이베리아
Liberia
토고
Togo
우간다
Uganda
케냐
Kenya
가봉
Gabon
적도기니
Equatorial Guinea
콩고 민주공화국
Democratic Republic
of the Congo
콩고
Republic of the Congo
탄자니아
Tanzania
말라위
Malawi
앙골라
Angola
잠비아
Zambia
모잠비크
Mozambique
짐바브웨
Zimbabwe
나미비아
Namibia
보츠와나
Botswana
남아프리카공화국
Republic of South Africa
레소토
Lesotho

모로코 지명

버스 · 기차 도시 이동시간

카사블랑카

목적지	비용(디람)	시간
마라케시	100	3시간 30분
페스	100	4시간
쉐프샤우엔	130	7시간
탕헤르	145	5시간 30분
에사우이라	145	6시간

*요금은 시기에 따라 달라질 수 있음

마라케시

목적지	비용(디람)	시간
카사블랑카	100	3시간 30분
페스	185	9시간
자고라	145	7시간 30분
와르자자트	105	4시간 30분
에사우이라	85	3시간

*요금은 시기에 따라 달라질 수 있음

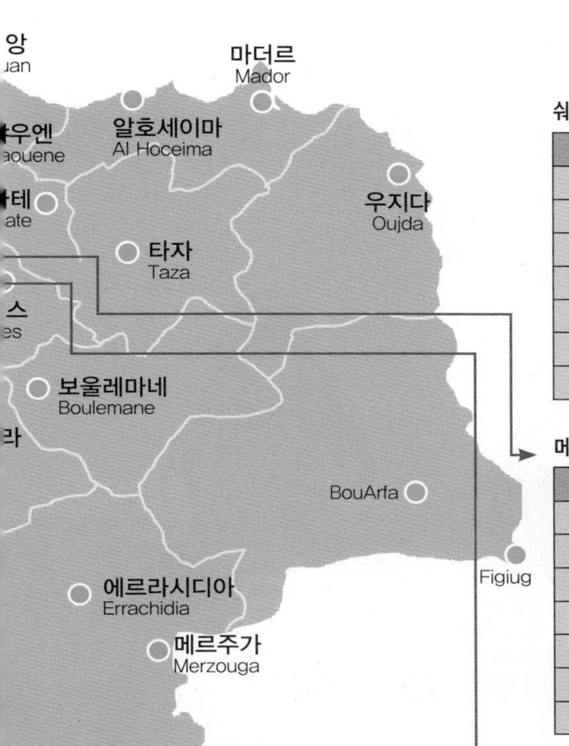

쉐프샤우엔

목적지	비용(디람)	시간
카사블랑카	125	6
페스	70	4½
나도르	140	11½
Quezzane	20	1½
라바트	90	4½
탕헤르	40	3
테투앙	25	1½

메크네스

목적지	소요시간	
	버스	기차
카사블랑카	4시간	4시간
쉐프샤우엔	5시간	
페스	1시간	1시간
탕헤르	6시간	
라바트		2시간 15분
마라케시		7시간

페스

	소요시간	
	버스	기차
페스 → 아가디르 → 라바트	3시간 30분	3시간 30분
페스 → 라바트 → 카사블랑카	5시간	5시간 30분
메크네스	1시간	1시간
에르푸드 → 리사니 → 우아르자자트 → 마라케시	9시간	8시간
우즈다	6시간	
탕헤르	6시간	5시간
테투안	5시간	

About 모로코

모로코는 스페인과 거의 맞닿아 있는 나라이다. 대서양과 지중해를 연결하는 지브롤터 해협을 사이에 두고 있다. 이런 위치 때문에 모로코는 아프리카와 이슬람, 유럽 문화가 한데 섞여 있다. 그래서 더욱 매력적인 나라이다.

지중해를 사이에 두고 유럽과 마주한 아프리카

모로코는 아프리카 대륙의 북서쪽 끝에 있는 나라이다. 북쪽으로는 지중해, 서쪽으로는 대서양, 동쪽으로는 아틀라스 산맥이 둘러싸고 있다. 북쪽 지역은 유럽 대륙과 지중해를 사이에 두고 마주 보고 있다. 이곳에는 사람들이 많이 모여 살아 도시가 발달하였다. 서쪽으로는 대서양에 맞붙은 바닷가가 길게 이어지는데, 날씨가 좋아 휴양지로 유명하다. 하지만 내륙으로 갈수록 지대가 높아지고 일교차도 커진다. 동쪽에는 매우 높은 아틀라스 산맥이 자리 잡고 있다. 아프리카 북부에서 가장 높은 봉우리인 투브칼 산은 높이가 4,165m나 된다. 남쪽으로는 사하라 사막과 이어져 있다.

풍부한 지하자원과 휴양 관광지

모로코는 유럽인들이 쉽게 올 수 있는 가까운 곳에 있다. 그래서 유럽의 문물이 아주 오래 전부터 모로코를 통해 아프리카로 들어왔다. 수천 년의 역사 속에서 유럽과 아프리카를 잇는 다리 구실을 해 왔다. 유럽과 아프리카의 문화가 뒤섞여 발전했기 때문에 모로코의 문화는 신비로운 분위기를 자아낸다.

모로코는 아프리카를 여행할 때 꼭 들를 만한 관광지로 손꼽힌다. 모로코의 신비로운 분위기는 세계에서 가장 부드럽다고 인정받는 가죽 제품과 양탄자, 나무 공예품, 보석 등에도 잘 드러난다. 모로코에는 광물 자원도 아주 풍부하다. 특히 비료로 많이 쓰이는 인산염이 세계에서 가장 많이 묻혀 있어 모로코 정부는 인산청이라는 기관을 두고 생산량을 관리하고 있다.

이슬람교

모로코인은 대부분 이슬람교를 믿는다. 모로코의 이슬람을 지키는 최고 지도자가 바로 모로코의 왕이기 때문이다. 모로코 왕가는 이슬람교의 예언자 무함마드의 후손이기 때문에 국민들은 왕을 존경하고 따르고 있다.

원래 이 땅에 살던 사람들은 가축을 기르며 유목 생활을 하는 베르베르족이었다. 그런데 700년대 초 아랍 군대가 들어와 왕국을 세우고 이슬람교를 전하면서 이슬람 문화를 받아들이게 되었다. 게다가 지형적으로 유럽과 가까워 유럽의 문화와 베르베르족의 전통이 자연스럽게 뒤섞이면서 모로코만의 복합적인 문화가 형성되었다. 대표적인 예가 바로 언어이다. 모로코에서는 아랍어, 베르베르어, 프랑스어, 영어로 쓴 신문을 매일 동시에 발간하고 있다. 모로코인들은 이처럼 여러 나라 언어를 사용하며 살아가고 있다.

유럽과 베르베르족의 문화가 섞인 나라

모로코는 북쪽으로 지중해, 서쪽으로는 대서양, 동쪽으로는 아틀라스 산맥으로 둘러싸인 나라이다. 모로코는 유럽과 사하라 이남의 아프리카 나라들과 지리적으로 접해 있어서 일찍부터 유럽과 아프리카를 연결하는 다리 역할을 해 왔다. 이런 지리적 위치 때문에 외부의 침입을 많이 받았고, 19세기에는 유럽 강대국들이 이곳에 진출하면서 유럽의 식민지가 되기도 하였다. 이렇게 유럽의 식민 지배를 받으면서 모로코는 유럽과 베르베르족의 문화가 자연스럽게 뒤섞이게 되었다.

이러한 모로코의 복합적인 문화는 언어에도 잘 나타난다. 모로코의 신문 가판대에는 아랍어, 베르베르어, 프랑스어, 영어로 쓰인 신문들이 놓여 있다. 모로코 인들은 아랍어로 말하다가 프랑스어로 바꾸어 말하고, 또는 베르베르어로 말하다가 영어로 바꾸어 말한다. 모로코 인들의 다양한 언어 사용은 우리에게 신기하게 보이기도 하지만 그들에게는 아주 자연스러운 일이다. 모로코에는 전체 인구의 약40% 정도의 베르베르족이 살고 있으며, 그들의 문화는 복합적인 모로코 문화의 한 부분을 이루고 있다.

절대적인 권한을 가지고 있는 왕

모로코는 입헌 군주제를 실시하고 있기 때문에 왕이 존재한다. 하지만 왕에게 정치적인 권한이 없는 대부분의 입헌 군주제 국가와는 달리 모로코의 왕은 정치와 행정 분야에서 절대적인 권한을 행사하고 있다. 왕은 직접 총리와 장관을 임명하고, 법률을 공포하거나 의회를 해산하는 일을 한다. 실제로 모로코의 왕이 거의 모든 권한을 가졌다고 할 수 있다.

모로코의 왕은 정치뿐만 아니라 종교적으로 이슬람을 지키는 최고의 지도자이다. 그것은 모로코 왕가가 이슬람교의 예언자인 무함마드의 후손이기 때문이다. 그래서 모로코의 왕은 이슬람교를 믿는 사람들의 종교 지도자이면서 동시에 정치 지도자이기도 한 것이다. 이렇게 볼 때 모로코는 정치와 종교가 분리되지 않은 나라라고 할 수 있다. 모코로 곳곳에 왕궁들이 많고, 경찰이나 왕궁 경비 대원들이 왕궁을 지키고 있다.

모로코 국왕

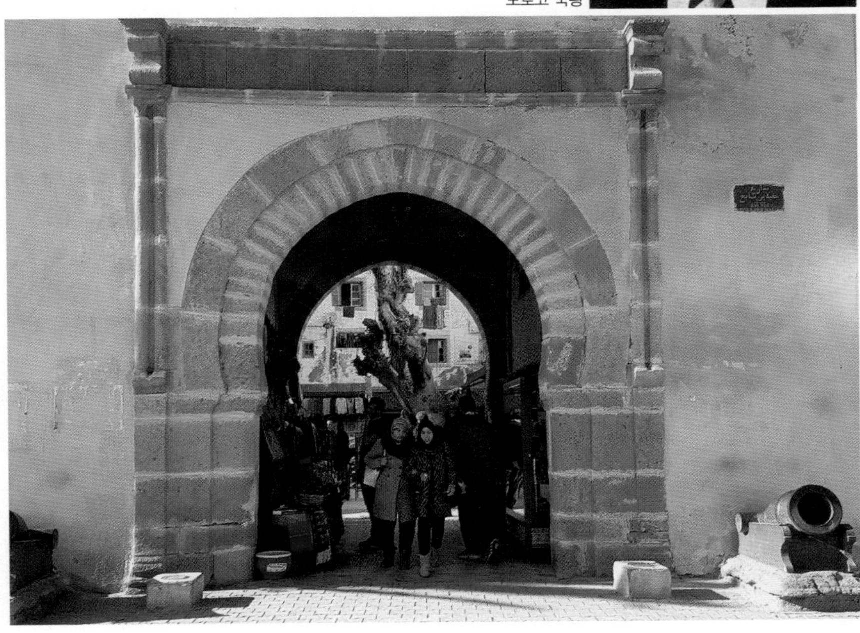

모로코에 꼭 가야할 8가지 이유

1. 사하라 사막

아틀라스는 아프리카와 북 아프리카를 동서로 가로지르는 곳에 셀 수 없이 많은 봉우리들의 독특하고 장엄한 장관을 이루고 있다. 이곳을 넘어가면 사하라 사막이 펼쳐진다. 사하라 사막을 방문하는 여행객들은 소설 어린왕자에서 생각하던 신비로운 풍경을 경험한다.

2. 아틀라스 산맥

모로코 여행을 준비하면서 지도 속에서 아틀라스 산맥을 발견하고 당신은 가슴이 두근거렸을지 모른다. 사하라 사막 못지않게 아틀라스 산맥도 모로코여행의 매력중 하나이다. 영웅 페르세우스가 메두사를 처치한 후 아틀라스 옆을 지나가다 그에게 메두사의 머리를 보여 돌이 되게 만들었다. 이후 아틀라스 산맥이 되었다는 전설이 전해오는 대서양의 영어 이름인 아틀란틱 오션Atlantic Ocean 또한 아틀라스의 이름에서 유래된 것이다. 아틀라스 산맥은 길이가 2,000㎞에 달하고 가장 높은 봉우리는 4,000㎞가 넘는다. 따라서 고대 지중해 세계에서 아틀라스 산맥은 신화가 되기에 부족함이 없었을 것이다. 여름에도 봉우리에는 만년설이 쌓여 있어 더욱 신비롭다.

아틀라스 산맥은 북아프리카의 북동-남서 방향으로 뻗어있는데 모로코의 가운데를 대각선으로 가로지른다. 우리가 가로지르는 이 부분은 안티 아틀라스Anti Atlas와 하이 아틀라스 High Atlas 사이 부분이며, 그 북쪽으로 미들 아틀라스Middle Atlas로 이어진다.

3. 서퍼들의 천국

에사우이라Essaouira와 시디 이프니Sid Ifni에 봄부터 많은 서퍼들이 서핑을 즐긴다. 파도가 일정하게 들어와야 서핑을 탈 수 있는데 만으로 적당히 들어가 있고 넓은 해변은 일정한 파도가 불어오게 한다. 서퍼들은 하루 종일 서핑만 타고 쉬고를 반복하기 때문에 많은 관광객이 있는 것을 선호하지 않는다.
에사우이라는 관광도시로 변신을 꾀하고 있기 때문에 관광객이 봄과 가을에 꽤 많지만 아가디르Agadir 근처의 비치는 관광객도 많지 않아서 서퍼들이 최근에 선호하는 해변이다. 또한 저렴한 가격의 서핑강습을 하고 강사들이 확인하면서 서핑을 배울 수 있어서 좋다. 또한 모로코의 물가가 저렴하기 때문에 오랜 기간을 머무르는 서퍼들이 좋아하는 요소를 모두 갖춘 비치이다.

4. 장엄한 토드라 협곡

수만 년 전 지각운동으로 인해 생긴 거대한 토드라 협곡은 해발 1,500m에서 갈라진 협곡의 총 길이는 120m~180m, 넓이는 70~80m에 이른다. 협곡 사이사이로 쏟아지는 빛을 보고 있노라면 마치 지구가 태어나고 있는 순간에 들어와 있는 기분이 든다.

5. 이슬람 문화의 체험

모로코의 이슬람문화를 직접 체험할 수 있다. 모로코는 이슬람 국가이지만 상대적으로 개방적인 이슬람국가로 히잡을 착용하지 않아도 되고, 대부분의 이슬람 국가들은 금요일이 휴일이지만 모로코는 일요일이 휴일이라 쉬는 날도 같다. 또한 개방적인 이슬람 국가이므로 안전하게 모스크를 체험하기에 좋은 요소를 가지고 있다.

6. 다양한 문화의 체험

모로코의 최대 장점은 유럽과 가까우면서 다양한 문화를 경험해볼 수 있다는 것이다. 아프리카하면 사막인데 모로코는 사막도 있고 바다도 있고, 현대의 도시도 있고 고대 도시까지 있다. 또한 유명한 영화를 찍고 있는 아이트 벤하두라는 도시는 영화의 도시이다. 정말 많은 유명한 영화들이 모로코에서 만들어졌을 정도로 모로코의 매력은 무궁무진하다.

7. 메디나(Medina)

메디나Medina는 모로코에서 옛날 도시를 말한다. 모로코의 어느 도시를 가도 옛 도시인 메디나가 있다. 흙을 다져 쌓은 성벽으로 둘러싸인 것이 특징인 메디나는 영화 '글레디에이터'에서 본 듯한 가옥과 거리를 만날 수 있고, 사람 냄새 가득한 현지인의 모습도 볼 수 있다. 전통 시장인 바자르와 광장, 아랍 모스크 등이 메디나 안에 있다.

아름다운 자연뿐 아니라 모로코에서 빼놓을 수 없는 매력은 각 도시마다 있는 올드시티 메디나이다. 전 도시에 역사적으로 오래전에 만들어져 있으며 동서남북이 성벽으로 둘러싸여있어 예로부터 외지인과의 왕래가 구분되었다고 한다. 이런 특징으로 인해 몇 천 년 동안 문화와 전통을 이어올 수 있었다.

8. 매력적인 모로코

모로코는 생각보다 매력적인 나라이다. 여행지마다 도와주는 사람들이 있기 때문에 관광하기도 쉽다. 치안은 개인마다 차이가 있어 좋다고 단정 지을 수는 없다. 하지만 신변의 위험을 전혀 느끼지 못할 정도의 여행지이다. 도시에서는 밤에도 잘 돌아다닐 수 있고 사하라 사막을 가장 안전하게 갈 수 있는 나라이다.

모로코 여행 잘하는 방법

모로코 여행을 어떻게 해야 할지 모르겠다는 질문을 많이 받는다. 모로코는 이슬람교를 믿으며 아랍어를 사용하기 때문에 우리가 모르는 것이 대부분이다. 이런 모로코를 여행하는 것은 기존의 유럽여행과는 여행의 방식이 다르다. 여행을 떠나기 전 감이 잘 오지 않는 여행지가 모로코일 수 있다. 모로코 여행을 잘하는 방법을 알아보자.

1. 모로코는 입국하는 도시가 카사블랑카인지 탕헤르인지에 따라 여행루트가 달라진다.

모로코는 북아프리카의 서부에 있는 나라로 왼쪽으로 길게 늘어진 모양의 국토를 가지고 있다. 여행을 하려면 어디를, 어떻게, 몇 일정도의 여행기간 정도를 여행할지 모르겠다는 이야기를 많이 한다. 먼저 여행 일정이 정해져야 한다. 그래야 여행하는 도시가 정해진다.

2. 여행자의 숙소는 메디나의 중심부나 메디나 인접지에 정하자.

모로코에서 살아가는 현지인과 모로코의 여행자는 위치가 다르다. 모로코도 메디나에서 살아가는 사람들도 있지만 도시가 개발되면서 도시 외곽의 집을 구하는 것이 현지인이다. 여행자는 도시를 여행해야 하기 때문에 도시의 중심부인 메디나에 숙소가 있어야 여행을 할 수 있다. 그러므로 숙소는 걸어서 여행할 수 있는 위치에 정해야 여행경비도 줄일 수 있다.

3. 각 도시의 메디나는 걸어서 여행할 수 있다.

모로코는 대도시라고 해도 도시의 규모가 생각보다 크지 않다. 모로코에서 가장 큰 도시인 마라케시도 시내 중심은 대부분 걸어서 다닐 수 있는 거리에 있다. 마라케시 제마 엘프나 광장에서 마조렐공원 등의 시내의 관광지까지 걸어서 멀어도 30분 정도면 도착한다. 시내의 대부분을 1시간 이내에 걸어서 다닐 수 있기 때문에 걸어서 여행하는 코스를 준비해 다니면 어렵지 않다.

4. 메디나 여행은 현지인에게 부탁하자.

모로코의 도시에 도착했다면 메디나의 위치를 알아보자. 각 도시에는 메디나가 있어서 메디나와 시내를 여행할 수 있다. 숙소가 메디나 가까운 곳에 있다면 더욱 쉽게 여행할 수 있을 것이다. 그러나 페스의 메디나처럼 골목길이 복잡한 곳을 혼자서 여행하기는 쉽지 않다.

5. 모로코는 도와준다고 하면서 돈을 요구하는 경우가 비일비재하니 팁(Tip)을 미리 준비하자.

메디나 안에서는 누군가 와서 길을 알려주겠다고 하고 길을 알려준 다음에 돈을 요구하는 경우가 발생한다. 이경우가 흔하기 때문에 미리 적은 액수의 금액을 준비해 돈을 주는 것이 현명하다. 무방비 상태에서 돈을 보여주었다가 많은 금액을 요구하는 경우가 있으니 돈을 주고 없다고 하면서 그 자리를 뜨는 것이 좋다.

현지인에게 돈을 무조건 안주겠다고 생각하면 길을 찾기가 더욱 힘들어진다. 차라리 현지인이 다가오면 본인이 원하는 것을 얻고 팁(Tip)정도를 준다고 마음먹는 것이 정신적으로 편하다.

6. 모로코 음식이 입맛에 맞지 않은 경우를 대비해야 한다.

모로코의 대표적인 음식인 '꾸스꾸스와 타진'은 사람마다 좋아할 수도 싫어할 수도 있다. 외국음식이 특히 입맛에 맞지 않는 여행자라면 미리 한국음식을 준비해 오는 것이 좋다. 숙소에서 밤에 슈퍼나 편의점을 갈 수도 없는 모로코 여행은 음식 준비에 공을 들여야 한다.

7. 모로코의 물가는 저렴하다.

모로코에서 대부분의 경비는 항공비와 숙박비가 대부분이다. 이를 제외하면 현지에서 여행경비는 상당히 저렴하다. 그러므로 항공을 저렴하게 예약할 수 있다면 저렴하게 여행 경비를 줄일 수 있을 것이다.

8. 모로코 전 국토를 여행하려면 렌트카를 이용해야 한다.

요즈음 늘어나는 것이 렌트카를 이용해 여행하는 것이 다른 추세이기는 하지만 운전이 서툰 모로코에서 처음에 조심해야 한다. 운전을 잘 못하는 관광객의 경우 모로코에서의 운전은 쉽지 않을 수도 있다. 모로코의 아틀라스 산맥이나 소도시까지 여행할 때에 모로코의 버스를 이용해 여행하는 것이 쉽지 않고 시간이 상당히 오래 소요되므로 렌트카가 편리하다.

9. '관광지 한 곳만 더 보자는 생각'은 금물

사람마다 생각이 다르겠지만 도시를 여행하면서 바쁘게 다니지 않아도 모로코 도시 전체를 여유롭게 관광지를 봐도 다 볼 수 있다. 자신에게 주어진 휴가기간 만큼 행복한 여행이 되도록 여유롭게 여행하는 것이 좋다. 허둥지둥 다니며 서둘러 보다가 소지품을 잃어버리기 쉽다. 한 곳을 덜 보겠다는 심정으로 여행한다면 오히려 더 여유롭게 여행을 하고 만족도도 더 높을 것이다.

10. 아는 만큼 보이고 준비한 만큼 만족도가 높다.

모로코는 우리에게 낯선 문화와 종교를 가진 국가이기 때문에 모로코라는 나라의 특징과 이슬람교에 대한 기본적인 기초 지식이 필수적이다. 또한 여행 중에 보는 도시와 관광지에 대한 정보는 알고 여행하는 것이 만족도가 높다.

모로코의 이국적이고 장엄한 자연을 보면서 힐링Healing을 한다고 오랜 시간 한 장소에 머무는 대한민국 여행자는 많지 않다. 그런데도 아무런 준비 없이 와서 여행을 제대로 못했다고 푸념을 한다고 해결되지 않는다. 여행하는 도시와 관련한 정보는 습득하고 여행을 떠나는 것이 준비도 하게 되고 아는 만큼 만족도가 높은 여행지가 모로코이다.

모로코에 처음 도착해 해야 할 일

1. 도착하면 관광안내소(Information Center)를 가자.

어느 도시가 되도 도착하면 해당 도시의 지도를 얻기 위해 관광안내소를 찾는 것이 좋다. 공항에 나오면 중앙에 크게 'i'라는 글자와 함께 보인다. 환전소를 잘 몰라도 문의하면 친절하게 알려준다. 방문기간에 이벤트나 변화, 각종 할인쿠폰이 관광안내소에 비치되어 있을 수 있다.

2. 심카드나 무제한 데이터를 활용하자.

공항에서 시내로 이동을 할 때 버스, 기차, 택시를 이용해 시내로 들어갈 수 있다. 택시라면 숙소 앞까지 데려다 주겠지만 버스와 기차는 숙소 근처의 역에서 내리게 된다. 숙소를 찾아가는 경우에도 구글맵이 있으면 쉽게 숙소도 찾을 수 있어서 스마트폰의 필요한 정보를 활용하려면 데이터가 필요하다. 심카드를 사용하는 것은 매우 쉽다. 매장에 가서 스마트폰을 보여주고 데이터의 크기만 선택하면 매장의 직원이 알아서 다 갈아 끼우고 문자도 확인하여 이상이 없으면 돈을 받는다. 공항에서 심카드를 끼워 사용이 가능하면 효율적이다.

3. 디람(DH)으로 환전해야 한다.

공항에서 시내로 이동하려고 할 때 버스를 가장 많이 이용한다. 이때부터 모로코의 디람(DH)이 필요하다. 한국에서 유로나 달러로 환전해 와서 공항에서 필요한 돈을 환전하여 가고 전체 금액을 환전하기 싫다고 해도 일부는 환전해야 한다. 시내 환전소에서 환전하는 것이 더 저렴하다는 이야기도 있지만 금액이 크지 않을 때에는 큰 금액의 차이가 없다.

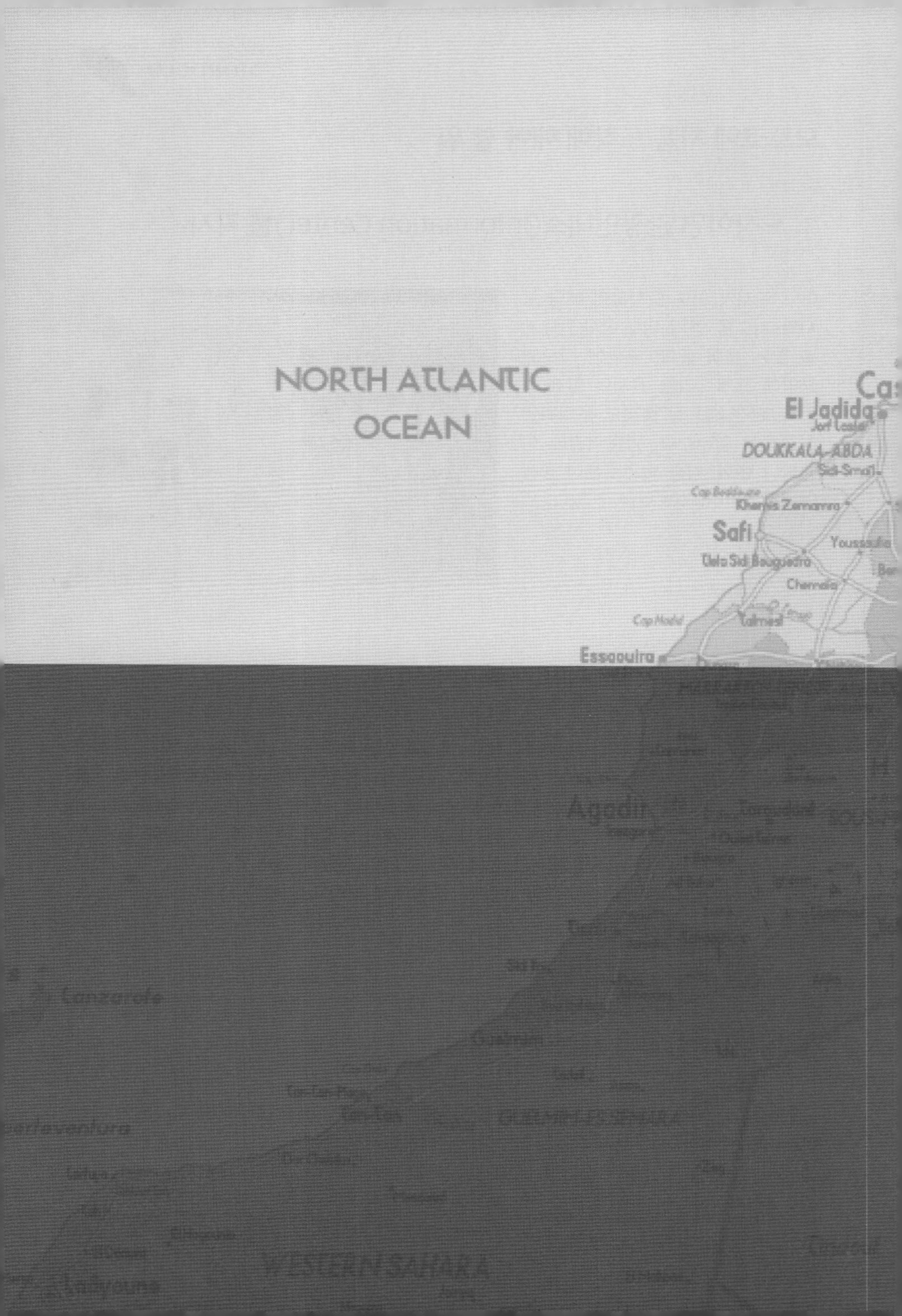

NORTH ATLANTIC OCEAN

El Jadida
Jorf Lasfar
DOUKKALA-ABDA
Sidi-Smail
Cap Beddouza
Khemis Zemamra
Safi
Youssoufia
Chemaia
Cap Hadid
Talmest
Essaouira
Agadir
Lanzarote
Fuerteventura
WESTERN SAHARA

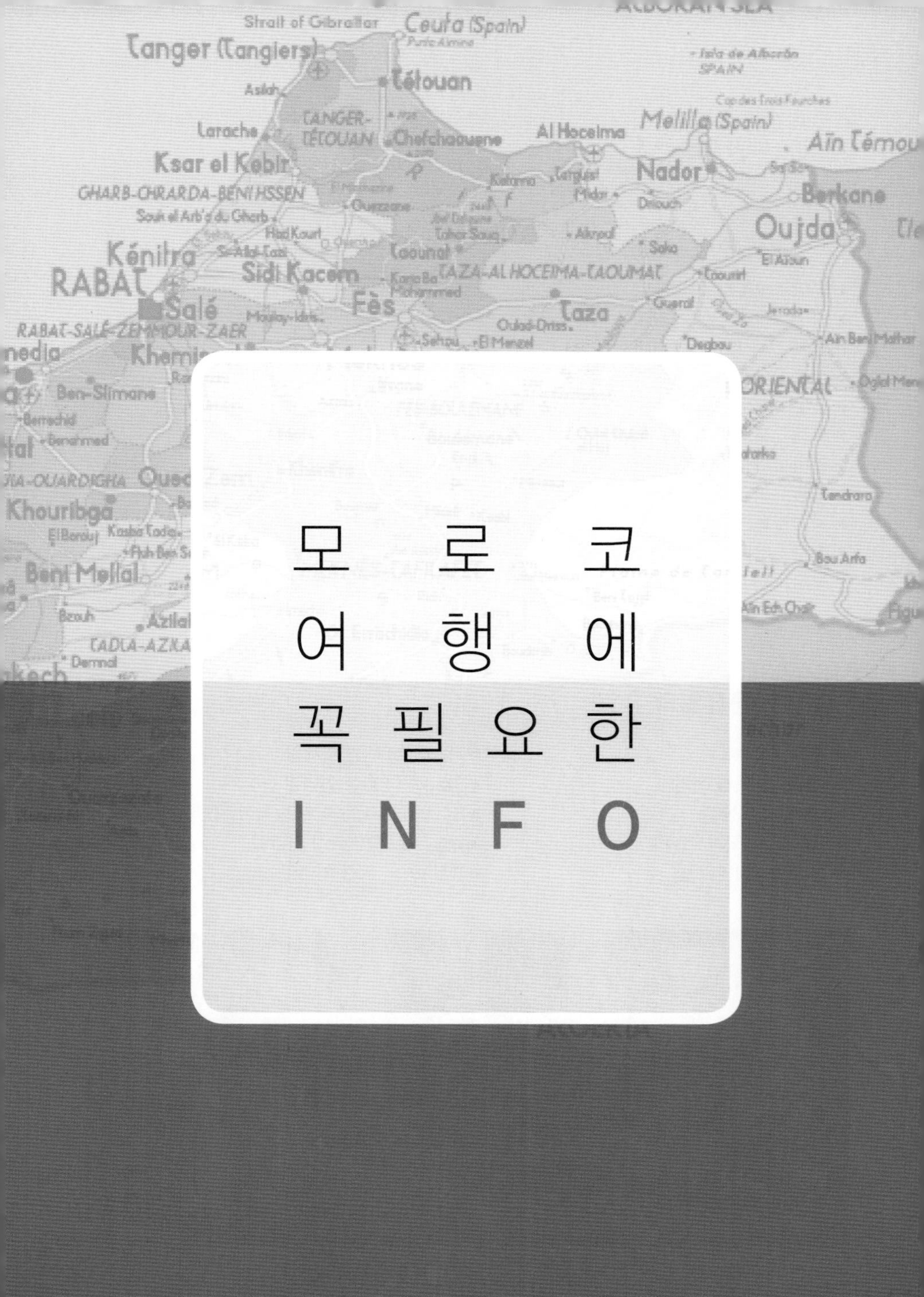

모로코
여행에
꼭 필요한
INFO
Strait of Gibraltar
Ceuta (Spain)
Tanger (Tangiers)
Tétouan
Asilah
Larache
TANGER-TÉTOUAN
Chefchaouene
Al Hoceima
Melilla (Spain)
Ksar el Kebir
Nador
Berkane
GHARB-CHRARDA-BENI HSSEN
Ouezzane
Oujda
Kénitra
Taounat
RABAT
Sidi Kacem
TAZA-AL HOCEIMA-TAOUNAT
Salé
Fès
Taza
RABAT-SALÉ-ZEMMOUR-ZAER
Ben-Slimane
ORIENTAL
Khouribga
Beni Mellal
Azilal
TADLA-AZILAL

모로코 간단정보

간단한 모로코 정보

▶**국명** | 모로코 왕국
▶**인구** | 약 3,434만 명
▶**면적** | 약 45만㎞(한반도의 2배)
▶**수도** | 라바트
▶**종교** | 이슬람교
▶**화폐** | 모로코 디람(Dirham / DR / 1MAD=120원(2018년 2월)
▶**언어** | 아랍어(프랑스어도 부분적으로 통용. 영어는 거의 통하지 않음)
▶**인종** | 아랍계, 베르베르족
▶**국가번호** | +212
▶**비자** | 무비자로 90일간 체류가능
▶**시차** | 우리나라보다 9시간 느리다(3월~11월의 서머타임시 8시간 느리다)

공휴일과 휴일

▶1월 1일 : 새해
▶1월 11일 : 독립 선언일
▶5월 1일 : 노동절
▶5월 23일 : 국가 기념일
▶7월 9일 : 청년의 날
▶7월 13일 : 대관 축제일
▶8월 14일 : 충성 기념일
▶8월 20일 : 국왕과 인민 혁명 기념일
▶11월 6일 : 그린마치 기념일
▶11월 18일 : 독립 기념일

예방접종

모로코는 전염병이 많은 나라가 아니라서 예방접종 없이 여행해도 괜찮지만 질병관리본부에서는 예방접종을 권하고 있다. 예방 접종의 효과나 말라리아(필요 시)약제의 효과가 나타나는 데 4~6주가 걸리므로 여행 4~6주 전(최소 출국 2주전) 감염내과 또는 해외여행 클리닉이 설치된 의료기관을 방문하는 것이 좋다. 만약 현재 질병을 가지고 있는 사람이 여행을 한다면 여행 전 반드시 의사와 이에 대해 상담해야 하며, 둘 이상의 국가를 여행할 경우 이를 의사에게 알려 적절한 예방접종 및 정보를 얻고 가도록 하자.

모로코여행에서 가장 많은 문의를 하는 질병은 황열과 말라리아에 대한 것이다. 질병관리본부에 문의한 결과 모로코 여행 시, "황열 예방접종을 할 필요는 없고, 말라리아 예방약도 복용할 필요가 없다"라는 답변을 받았다. 정기 예방접종은 접종 받도록 하는 것이 중요하다.

의약품

의사의 처방을 받아 매일 복용하는 의약품은 여행 마지막 날까지 의약품이 부족하지 않도록 충분한 양을 확보하도록 한다. 의약품을 다른 곳에 옮겨 담지 말고 원래 보관되어 판매되는 약통에 보관하며, 의약품이 액상인 경우 안전 가이드라인을 확인하여야 한다. 설사약은 의사 처방 없이 살 수 있는 것이면 충분하다.

1. 긴팔 상의, 긴 바지 등을 준비
2. 모기 기피제(단, 에어로졸 제품은 비행기 기내 탑재할 수 없음) 준비
3. 자외선 차단을 위한 자외선 차단제, 선글라스, 항균 작용이 있는 물수건

국기

빨강 바탕에 초록색 선으로 그려진 5각별의 국기는 모로코 국민의 조상인 알라위트가문의 깃발색에서 유래되었으며 순교자의 피와 왕실을 의미하고 초록색은 평화와 자연을 의미한다. 별의 5각은 이슬람교의 5가지 율법을 나타낸다.

전압

220V로 한국의 콘센트 모양과 같다. (110V 전압을 사용하는 지역이 있으니 멀티어댑터를 챙기자)

지형

산맥과 사막

아틀라스 산맥과 사하라 사막을 기준으로 모로코의 국경이 형성되어 있다. 눈 덮인 아틀라스 산맥은 가장 높은 봉우리가 높이 약 4,100m나 되고 1년 내내 눈으로 덮여 있어서 많은 외국 관광객이 스키를 타러 온다.

모로코는 아프리카에서 지리적으로 다양한 나라 중의 하나로 4개의 산맥이 가로지르고 있다. 이들 산맥은 북쪽에서 남쪽으로 차례로 리프Rif, 중앙 아틀라스Middle Atlas, 하이 아틀라스High Atlas, 안티 아틀라스Anti Atlas이다. 가장 남쪽에는 안티 아틀라스 가장자리에 협곡들이 점점 낮아져 끝없이 펼쳐진 사하라 사막으로 변한다.

사하라 사막은 무리하게 지은 농사와 나무를 함부로 베는 바람에 오아시스마저 사막으로 변하는 사막화 현상이 진행되고 있다.

인종

모로코의 인구는 약 3천만 명으로 가장 큰 도시는 카사블랑카Kasablanca로 약 5백만 명이 살고 있다. 인구의 상당수는 아랍과 베르베르인들이다. 모로코는 한때 수많은 유대인들이 살았지만 1948년, 이스라엘이 수립되면서 대부분이 떠났다. 사하라이남 지역과의 교역으로 아프리카 흑인들도 모로코로 유입되었다.

베르베르족

세계적으로 유명한 프랑스의 전 축구선수이자 레알 마드리드의 감독인 지단은 북부 아프리카 원주민인 베르베르족 출신이다. 베르베르족은 아랍인들과는 겉모습이 조금 다르다. 금발에 파란 눈도 있고 갈색 머리에 갈색 눈 등 다양하다.
베르베르족들은 오늘날 모로코에서 이집트에 이르는 지역에 살고 있으며 이슬람교로 종교를 바꾸고 도시로 이주한 후에도 여전히 자신들의 언어와 문화적 정체성을 지켜오고 있다.

언어

아랍어를 사용하지만 베르베르어와 프랑스어도 널리 사용된다.
표지판도 대부분 불어/영어로도 표기되어 있어 불편하지 않다. 모로코 사람들을 만날 때는 아랍어로 인사해주면 좋아한다.

아랍어

- **안녕하세요** : 살람, 살람말리쿰
- **인사에 대한 답례** : 말리쿰 살람
- **고맙습니다** : 슈크람 / 사하(베르베르어 / 더 좋아함)
- **갑시다** : 얄라
- **스마힐리** : 미안해

프랑스

- **안녕하세요** : 봉주르(Bon jour), Bon soir
- **고맙습니다** : 메르시(Merci)
- **얼마예요?** : 깜비엥(Combien)?
- **너무 비싸요** : 트호 쉐어(Trop Cher)

※주의 : 다른 이슬람국가는 금요일이 휴일이지만 모로코는 다른 유럽의 국가들과 같은 일요일을 휴일로 이용하기 때문에 이슬람 국가라는 사실을 까먹을 때가 있다.

모로코의 역사를 알고 싶어요?

7세기

모로코는 대체적으로 수천 년 전에 이곳에 정착한 베르베르Berber인의 후손이 살고 있었다. 후에 로마가 이 북아프리카 구석에 약한 영향력을 행사했지만 7세기 경 아랍의 군대들이 북아프리카 연안과 스페인을 휩쓸기 바로 전에 쇠약해지고 말았다.

11~17세기

알모라비드Almoravid인들이 모로코와 스페인을 장악하고 마라케시를 세웠다. 그들은 이후에 마라케시, 페스, 라바트 등에 전성기를 가져온 알모하드Almohad인들에게 대체되었으나 이들도 기독교 군대가 스페인을 재점령하면서 쇠퇴하였다. 알라위트Alawite인들은 17세기에 세력을 얻어 술탄 물레이 이스마일의 재위 중에 메케네스에 제국 도시를 건설하였다.

1912~1945

식민주의가 아프리카를 덮치면서 1912년에 페스 조약으로 모로코의 대부분은 프랑스에, 북부의 작은 부분은 스페인에 넘어갔다. 식민지 지배자들은 계몽된 프랑스 총독이던 마샬 랴우티하에서 신도시를 지어 거주함으로써 많은 대도시들의 메디나Medina(고대 지역)들이 잘 보존될 수 있었다.

2차 세계 대전 이후

모로코의 반 프랑스 운동이 격화되어 1953년, 프랑스가 술탄 모하메드를 유배시킴으로써 더 큰 불만을 가져왔다. 1955년 모하메드 5세가 다시 돌아와, 다음해에 독립이 이루어졌다. 스페인도 같은 시기에 모로코에서 철수했지만 연안의 세우타Ceuta와 멜릴라Melilla는 그대로 남게 되었다.

독립 이후 술탄 모하메드 5세는 왕으로 즉위하여 그의 아들 하산 2세는 민주주의에 대한 움직임이나 몇몇 불발 쿠테타에도 불구하고 1999년 7월에 사망할 때까지 실질적인 권력을 유지하였다. 그의 아들 모하메드 6세는 특히 높은 실업률과 가난, 문맹률과 같은 모로코의 거대한 발전적 당면 과제를 풀기 위한 더 많은 대중 정책과 개혁을 실시하였다.

한눈에 보는 모로코 역사

기원전 2천년 경	베르베르족 이주
기원전 146년	로마제국이 해안 장악
24년	베르베르족이 모리타니 왕국 건설
700년경	이슬람 왕국 수립
1800년대	스페인과 프랑스가 점령
1956년	프랑스에서 독립
1977년	선거를 통해 왕권 확립

세계최초의 여행가 이븐 바투타는?

세계 최초의 여행가인 이븐 바투타는 14세기에 세계를 여행한 인물이다. 역사적으로 위대한 여행가를 꼽을 때 흔히 마르코 폴로를 떠올리지만, 이븐 바투타는 마르코 폴로에 못지않은 여행가였다. 다만 이슬람교를 믿었던 아랍 사람이라 서양에서 주목을 받지 못했다.

이븐 바투타는 1304년에 모로코에서 태어났다. 경건한 이슬람교도였던 바투타는 어릴 때부터 성지인 메카로 순례를 가고 싶어했다. 1325년, 마침내 그는 메카 순례의 꿈을 이루었지만. 더 먼 곳으로 여행하고 싶은 생각이 간절했다. 그때부터 무려 24년 동안 인도를 지나 중국에까지 갔다가 모로코로 돌아오는 기나긴 여행을 하게 되었다. 그리고 49세가 되던 해에 다시 사하라 사막 남쪽으로 여행을 떠났다. 이때 기록한 그의 자료는 아프리카의 생활과 문화를 알려주는 아주 귀중한 자료로 평가되고 있다.
이븐 바투타는 중세의 가장 위대한 이슬람 여행가였다. 그는 '억제할 수 없는 충동과 유명한 신전들을 보고자 하는 오랜 열망'으로 21세 때 순례자가 되어

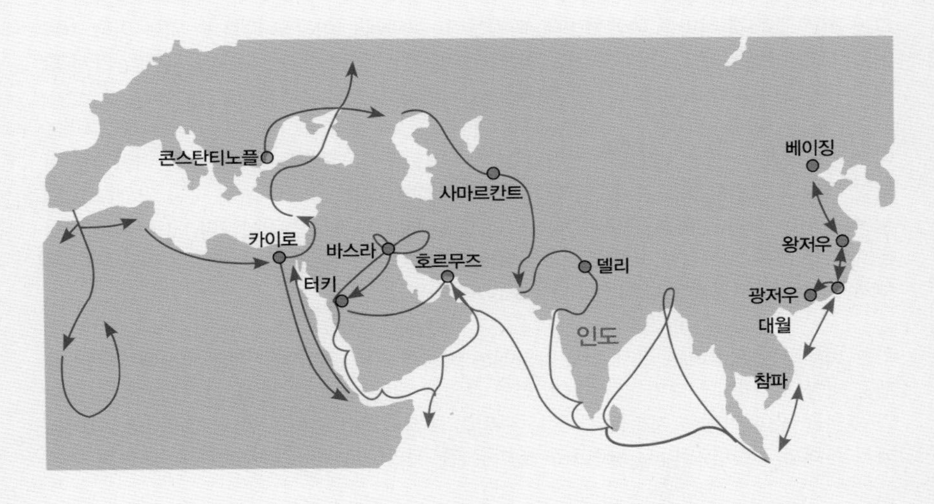

아프리카 북서쪽의 탕헤르에서 길을 떠났다. 그의 평생에 걸친 여행을 기록한 여행기로 인해 그는 '이슬람의 마르코 폴로'로 비유되기도 한다. 그는 무려 4번이나 메카를 성지 순례했다고 한다.
그는 26년간 45개 나라를 여행했는데, 이것은 그 시대에는 아무도 따를 수 없는 여행 기록이었다. 그는 멀리 델리, 몰디브 제도, 실롬 섬에 이르기까지 많은 이슬람 지역에 가서 그곳의 재판관이 되었고, 이슬람 군주의 사절이 되어 중국까지 다녀왔다.

이븐 바투타는 개인적인 탐험 정신이나 호기심 때문에 여행했지만, 그가 남긴 여행기는 이슬람 세계의 생활상을 보여 주는 백과사전이 되었다. 그는 되도록 여러 곳을 가겠다고 결심하고, 어떤 길이든 두 번은 가지 않는다는 것을 하나의 규칙으로 삼았다. 그 당시 사람들은 무역과 같은 실질적인 이유로 여행길에 올랐지만 그는 이슬람교를 널리 알리고, 새로운 세계와 새로운 사람들에 대해 알기 위해서 여행하였다.

이븐 바투타는 처음에는 학자로서, 나중에는 여행가로서 높아지는 명성 덕분에 여행비를 제공 받을 수 있었다. 그가 간 여러 나라의 수많은 술탄, 통치자, 총독, 고관들로부터 환대와 후원을 받아 여행을 계속할 수 있는 수입이 보장되었던 것이다. 이븐 바투타는 카이로에서 홍해까지 갔다가 다시 카이로로 돌아온 뒤, 시리아로 가서 메카로 가는 대상에 합류

하기도 하고, 이후에도 셀주크 투르크, 오스만 제국, 불가리아, 러시아, 중앙아시아를 거쳐 인도까지 여행을 계속하였다.

이븐 바투타는 대표적인 이슬람 세계의 여행자로 그의 총 여행 거리는 대략 12만km에 달하며 이는 증기 기관 시대 이전에 그 누구도 능가할 수 없는 기록이었다. 그는 거의 대부분의 이슬람 국가와 가까운 지역의 비이슬람 국가들까지 가 보았다. 새롭거나 알려지지 않았던 지역을 발견한 것은 아니었지만, 방문한 지역에 관한 깊이 있는 내용 때문에 그의 책은 역사 자료로서 큰 가치를 평가받아 오랫동안 읽혀졌다.

그의 여행기는 이슬람 세계의 많은 지역 사회, 문화, 정치 등의 다양한 면을 볼 수 있는 중요한 기록이다. 소아시아, 동아프리카, 서아프리카, 몰디브, 인도 등에 관한 여행기는 이들 지역의 역사 연구에 매우 중요한 자료가 되었다. 또한 아라비아와 페르시아 지역을 다룬 부분은 사회 및 문화 생활의 여러 측면에 관한 상세하면서도 풍부한 내용을 담고 있어 가치가 높다.

모로코에서 촬영한 영화 TOP9

모로코는 이슬람국가이지만 다른 중동의 이슬람국가에 비해 상대적으로 개방적이다. 그래서 헐리우드의 영화 촬영지로 오래전부터 사막을 배경으로 하는 영화의 촬영지가 되어 왔다. 유명한 섹스앤더시티2는 아부다비가 배경이지만 아부다비에서 촬영을 거부하자 두달가량 모로코에 머물며 대부분의 촬영을 이곳에서 진행하였다. 그래서 시장, 사막 등은 모로코라고 생각하고 본다면 모로코의 매력을 쉽게 찾을 수 있을 것이다.

탕헤르는 포루투갈, 스페인, 프랑스의 식민지로 지내오다가 독립을 하며 모로코에서도 독립적인 도시로 첩보원들이 활동한 도시였다. 007 스펙터, 본 시리즈 등은 실제로 탕헤르에서 촬영되었다. 아이트 벤하두는 옛 영화인 아라비아의 로맨스, 클레오파트라를 비롯해 알렉산더, 글레디에이터, 스타워즈 등 많은 영화를 촬영한 마을이다. 사막뿐만 아니라 각 도시들도 매력을 가지고 있어 모로코는 헐리우드의 주요촬영지로 각광을 받고 있다.

1. 글레디에이터(Gladiater)

아마 모로코를 우리나라 여행자에게 끌어들이는 데 혁혁한 공을 세운 영화일 것이다. 흥행에도 성공해 영화를 본 사람이면 누구나 촬영지에 대해 궁금해 할 것이다.

로마제국의 절정기를 무대로 기원 후 180년, 마르커스 아우렐리우스Marcus Aurelius 황제의 12년에 걸친 게르마니아Germania 정벌이 거의 마무리되던 무렵이 배경이다. 이제 마지막 하나 남은 적의 요새만 함락하면 로마 제국은 평화가 온다. 평화로운 '5현제 시대'가 막바지에 이른 서기 180년 로마에 불운이 찾아온다. 마르커스 아우렐리우스Marcus Aurelius가 아들처럼 친애하는 장군 막시무스General Maximus는 다뉴브 강가 전투에서 대승한다.
죽을 날이 머지않은 황제 마르커스 아우렐리우스는 막시무스를 총애하여, 아들이 아닌 그에게 왕위를 넘겨주기로 한다. 그러나 황제의 아들 코모두스는 이에 질투와 분노를 느껴 급기야 황제를 살해하고, 왕좌를 이어받은 코모두스는 막시무스와 그의 가족을 죽이라고 명령한다. 가족을 모두 잃고 혼자 겨우 살아남게 된 막시무스는 노예로 전락하고, 투기장의 검투사로 매일 훈련을 받는다.
그에게 남은 건 오로지 새로 즉위한 황제 코모두스에 대한 복수 뿐. 검투사로서 매 경기마다 승리로 이끌면서 살아남자 그의 명성과 인기는 날로 높아간다. 로마로 돌아온 그는 아

내와 아들을 죽인 코모두스에 대한 복수를 다짐하고 복수를 하고 죽는다는 단순한 줄거리이지만 스펙타클한 장면으로 많은 사랑을 받았다.

2. 섹스 앤더 시티 2(Sex and City 2)

남자들이 글레디에이터를 보고 모로코를 가고 싶어 했다면 여자들은 섹스앤더시키2를 보고 모로코에 관심이 생겨났을 것이다. 남자들이 궁금해 하는 그녀들의 짜릿한 연애, 솔직한 섹스, 완벽한 스타일이 TV 시리즈를 넘어 영화로 만들어졌다. 원래 주무대는 아부다비였지만 노출이 심하다는 이유로 촬영허가를 받지 못해 모로코에서 두달가량 촬영되었다. 모로코의 매력을 영상에 충분히 담아낸 이 영화로 여성 여행객들의 호기심이 높아졌다.

뉴욕을 대표하는 잘나가는 그녀들 캐리, 사만다, 샬롯, 미란다! 남부러울 것 없는 완벽한 직업, 가던 사람도 뒤돌아보게 만드는 화려한 스타일로 뉴욕을 사로잡은 그녀들에게 고민은 바로 '사랑'이다. 뉴욕을 대표하는 4명의 여자들이 꿈꾸는 해피엔딩, 그녀들의 섹스보다 솔직하고 연애보다 짜릿한 사랑이 다시 시작된다. 지루한 일상을 던져버리고 마음껏 즐기기 위해 캐리와 친구들은 아부다비로 날아간다. 그런데! 아부다비라고 믿었던 장소가 모두 모로코이다. 모로코 마라케시의 호텔 아만녜아Amanjena에서 오픈 전에 촬영을 하였고 낙타를 타고 아무것도 없는 뜨거운 모래 위의 텐트에서 즐거운 한때를 보내는 장면도 모로코의 사하라 사막이다. 주인공 캐리와 친구들이 반한 모로코, 섹스앤더시티2를 보고 모로코로 향한 전 세계의 관광객이 많아졌다고 한다.

3. 본 시리즈(Bon Series)

본 얼티메이텀에서 건물을 지나가며 서로 쫓고 쫓기는 긴박한 장면은 모로코의 탕헤르에서 촬영되었다. 그래서 탕헤르에서는 영화의 장면을 찾아 사진을 찍는 여행자들이 많다.

고도의 훈련을 받은 최고의 암살요원인 제이슨 본은 사고로 잃었던 기억을 단편적으로 되살리던 중이었다. 제이슨 본은 자신을 암살자로 만든 이들을 찾던 중 '블랙브라이어'라는 존재를 알게 된다. '블랙브라이어'는 비밀요원을 양성해내던 '트레드스톤'이 국방부 산하의 극비조직으로 재편되면서 더욱 막강한 파워를 가지게 된 비밀기관이었다. 그들에게 자신들의 비밀병기 1호이자 진실을 알고 있는 유일한 인물인 제이슨 본은 반드시 제거해야 하는 대상이다.
니키의 도움으로 블랙브라이어의 실체를 알게 된 제이슨 본은 런던, 마드리드, 모로코 그리고 뉴욕까지 전세계를 실시간 통제하며 자신을 제거하고 비밀을 은폐하려는 조직과 숨막히는 대결을 시작하는데 시장에서 암살자와의 추격신과 건물을 지나가며 긴박한 장면만 보아도 모로코에 가고 싶도록 만든다.

4. 스타워즈(StarWars)

모로코의 남자들이 입는 질라바를 전 세계에 유명하게 만든 영화는 스타워즈이다. 사막에서 온도를 높이기도 낮추기도 하는 전통 복장인 질라바는 스타워즈의 제다이들이 입어 유명해졌다.

아주 먼 옛날 은하계 저편, 무역항로를 독점하려는 무역연합이 아미달라 여왕이 통치하는 나부 행성을 공격하자 평화의 수호자 제다이가 파견된다. 제다이 마스터 콰이곤과 그의 제자 오비완은 위험에 빠진 아미달라 여왕을 구해 공화국으로 향하던 중 우주선이 무역연합의 공격을 당하자 타투인 행성으로 피신한다. 우주선 부품을 구하기 위해 들른 고물상에서 만난 노예 소년 아나킨에게서 비범한 포스를 느낀 콰이곤은 그를 주목하기 시작하고, 아나킨의 도움으로 우주선을 수리한 제다이 기사들은 위험에 빠진 나부 행성을 구하기 위해 떠나는 내용의 이 영화는 30년이 넘는 시간동안 8편이 넘는 시리즈로 유명하다.

5. 007 스펙터(007 Specter)

007시리즈는 전 세계를 무대로 촬영하는데 스펙터가 모로코에서 촬영되면서 첩보영화는 모로코에서 촬영된다는 이야기를 만들어 낸 영화이다.
멕시코에서 일어난 폭발 테러 이후 MI6는 영국 정부에 의해 해체 위기에 놓인다. 자신의 과거와 연관된 암호를 추적하던 제임스 본드는 사상 최악의 조직 '스펙터'와 자신이 연관되어 있다는 사실을 알게 되고, 궁지에 몰린 MI6조차 그를 포기하면서 절체절명의 위기에 직면하지만 007의 활약으로 해결하는 액션 첩보 영화이다.

6. 카사블랑카(Casablanka)

카사블랑카라는 영화의 제목 때문에 카사블랑카라는 도시가 유명해졌지만 정작 카사블랑카는 헐리우드 세트장에서 거의 촬영이 되었다고 한다. 카사블랑카의 비행기를 타기 전에 영화 속 남녀 주인공이 키스 하는 장면이 영화를 본 사람들의 뇌리에 아직도 남아 있을 것이다.

북아프리카에 위치한 요지, 모로코의 카사블랑카는 전란을 피하여 미국으로 가려는 사람들의 기항지로 카사블랑카에서 붐비는 술집을 경영하는 미국인 릭 브레인(험프리 보가트)은 이 와중에 떼돈을 번 유지이다. 어느 날 밤, 반나치의 리더인 라즐로(폴 헨레이드 분)와 그의 아내 일리자(잉그리드 버그만)가 릭의 술집으로 찾아온다. 이들 부부는 릭에게 여권을 부탁하러 온 참이었는데 일리자를 본 릭은 깜짝 놀란다.

꿈같던 파리 시절, 릭과 일리자는 사랑을 누비던 사이로 잊혀졌던 불꽃이 일리자와 릭의 가슴을 뒤흔든다. 과거의 이루지 못한 옛 사랑을 위해 일리자를 붙잡아 두고 픈 생각에 번민하던 릭은 처음엔 냉대하던 쫓기는 몸인 라즐로에게 일리자가 필요함을 알고 이들을 도울 결심을 한다. 릭은 끈질긴 나치의 눈을 피하며 경찰 서장을 구슬러 두 사람의 패스포트를 준비한다. 이별의 시간이 오고 온갖 착잡한 마음을 뒤로하고 릭과 일리자는 서로를 응시한 채 일자는 트랩에 오르고 릭은 사라지는 비행기를 한 동안 바라보는 마지막 장면은 이 영화의 압권으로 카사블랑카라는 모로코의 작은 도시를 전 세계에 알려주었다. 오래된 영화이지만 아직도 카사블랑카를 가면 이 영화 이야기를 반드시 하게 된다.

7. 인셉션(Inception)

사실 인셉션은 너무 많은 지역에서 촬영되어 모로코에서 촬영되었다고 이야기하기가 힘들지만 모로코 가이드들이 많이 이야기하는 영화라서 소개한다.

드림머신이라는 기계로 타인의 꿈과 접속해 생각을 빼낼 수 있는 미래사회. '돔 코브'(레오나르도 디카프리오)는 생각을 지키는 특수보안요원이면서 또한 최고의 실력으로 생각을 훔치는 도둑이다. 우연한 사고로 국제적인 수배자가 된 그는 기업 간의 전쟁 덕에 모든 것을 되찾을 수 있는 기회를 얻게 되지만 임무는 머릿속의 정보를 훔쳐내는 것이 아니라, 반대로 머릿속에 정보를 입력시켜야 하는 것이다. 그는 '인셉션'이라 불리는 이 작전을 성공시키기 위해 최강의 팀을 조직해 불가능에 가까운 게임을 시작한다는 다소 복잡한 줄거리의 영화이다.

8. 블랙호크다운(Black Hawk Down)

글레디에이터를 찍은 감독 리들리 스콧은 다시 모로코에서 실제 사실의 미 해병대의 활약을 그린 영화를 찍었다. 동아프리카의 소말리아는 몇년 동안의 부족 간 전쟁으로 대기근을 가져왔고, 30만여 명이 굶어죽었다. 수도 모가디슈Mogadishu의 통치자인 강력한 군벌은 굶주림을 방치하고, 이에 대응하여 미해병대 2만여 명의 병력을 투입시키자 식량은 제대로 전달되고, 상황이 호전되는 듯 했지만 미군에게도 공격을 시작했다. 최정상의 미군부대가 UN 평화유지작전으로 소말리아의 수도 모가디슈로 파견된다. 동 아프리카 전역에 걸친 기아는 UN에 의해 제공되는 구호 식량을 착취하는 에이디드와 같은 민병대장으로 인해 30만 명이라는 대량 사상자를 내었다.

죽이기 위한 것이 아닌 다수의 생명을 살리려는 의지를 품고 소말리아에 도착한 미국의 정예부대. 작전은 10월 3일 오후 3시 42분에 시작하여 1시간 정도 소요될 예정이었다. 그러나 20분 간격으로 무적의 전투 헬리콥터인 '블랙 호크' 슈퍼 61과 슈퍼 64가 차례로 격추되면서 임무는 '공격'에서 '구출'과 '생존'으로 바뀌게 되고 절박한 국면을 맞이한다. 이를 해결하는 육군 소장 윌리엄 F. 개리슨 장군Major General William F. Garrison은 교전의 결과에 대해 전적으로 책임을 졌다는 사실을 영화로 만들었다. 전쟁영화에서 소말리아의 마을과 실제 교전 장면 등 많은 장면의 촬영을 모로코에서 찍었다.

9.아라비아의 로맨스(Lawrence of Arabia)

아랍 민족운동의 원조자인 영국군 장교 토머스 에드워드 로렌스T.E. Lawrence의 실화를 영화로 만들었다. '아라비아의 로렌스'영화를 제작하기 위해 데이비드 린은 여러 해를 요르단과 모로코의 사막에서 보냈으며, 일출을 찍기 위해 여러 날을 기다리기도 했다.

그의 완벽주의에 가까운 스타일은 곧 성과를 거두었고, 아주 아름답고 환상적인 장면들을 연출해 내었다. 피터 오툴Peter O'Toole 주연으로 1962년에 개봉되었으며, 최고 촬영상, 최고 감독상을 비롯해 아카데미상 7개 부문을 수상하였다.

오툴은 이 영화로 최초로 아카데미상 후보 7개 부문에 오르기도 했으며, 오마 샤리프Omar Sharif 역시 이 영화를 통해 세계적인 스타로 떠올랐다.

제1차 세계대전 중인 1918년 수에즈 운하를 둘러싸고 영국과 터키가 대치하고 있을 때 영국은 아랍의 참전과 지원을 요구하기 위해 정보국 소속의 로렌스 피터 오툴Peter O'Toole를 아랍에 파견한다. 로렌스는 자국이 원하는 것 이상으로 아랍 지도자를 위해 헌신적으로 싸워 분열된 아랍군을 통합하고 드디어 시리아의 수도 다마스커스를 점령해 아랍 민족으로부터 '아라비아의 로렌스'라는 영웅적인 칭호를 받게 된다. 그런데 아랍 민족의 독립을 논의할 시점이 서서히 다가오자 영국과 프랑스 등 열강들은 아랍의 분할통치 음모를 기도한다는 줄거리이다.

여행 주의사항

유럽의 영향에도 불구하고 모로코는 대체로 보수적인 수니파 이슬람교 국가이다. 모로코의 이슬람교가 극단적이지 않지만 남녀 간의 복장이나 행동에는 조심해야 할 사항도 있다. 여자의 경우에는 어깨나 팔 위쪽을 잘 가리고 긴 치마나 바지를 입는 것이 좋다.

모로코의 가정에 초대를 받았을 경우에는 카페트를 밟기 전에 신발을 벗는 것이 예의이다. 음식은 보통 접시에 나오고 오른손을 사용해 먹는다. 왼손은 화장실에서 사용하는 것으로 음식이나 물을 건드려서는 안 되고 돈을 건넬 때에도 사용하지 않는다.

사진을 찍을 때에는 허락을 받는 것이 좋다. 특히 모스크 안에서 사진을 촬영하려고 한다면 주의하자. 도시 내에서는 문제가 되지 않는다. 하지만 여자들은 사진 찍히기를 싫어하는 경우가 있으니 조심해야 한다.

음식

아랍 음식과 지중해 음식의 조화

아랍인들이 북부 아프리카에 살기 시작하면서 이곳은 아랍 음식이 발달했다. 북부 아프리카 음식의 가장 큰 특징은 아랍 음식과 지중해 음식이 서로 조화를 이루고 있다는 점이다. 그리고 이탈리아의 영향을 받아 파스타가 보편화되었고, 풍부한 해산물을 이용한 요리가 많다. 그래서 이 지역의 음식은 동부 지역의 아랍 음식과는 약간 다르고, 튀니지와 모로코 요리는 세계적으로도 널리 알려져 있다.

음식 맛이 세련된 모로코

모로코에는 독특하고 다양한 음식이 많다. 자연환경이 좋아 음식 재료가 다양하기 때문이다. 그리고 오랫동안 왕조가 이어져서 궁중 요리가 발달했으며 베르베르, 아랍, 프랑스 등의 영향을 받아 세련된 음식맛을 자랑한다.

먹거리 특징

커피를 마실 수 있는 카페는 매우 많지만 남자손님이 주를 차지한다. 남자들만 있는 카페보다는 여성들이 있는 페이스트리 가게에서 커피를 마시는 것이 좋다. 이슬람국가에서 맥주를 마시는 것이 금지되어 있지만 모로코에서는 맥주를 마실 수 있다. 현지의 스토크Stork와 플래그Flag맥주가 유명하다.

모로코 음식은 크게 두 가지, 타진Tajine과 쿠스쿠스Couscous로 나뉜다. 타진은 닭고기나 양고기를 각종 채소와 섞어 찐 요리인데, 얼큰한 양념이 우리 입맛에 잘 맞고 부드러운 육질이 혀끝에서 살살 녹는다. 쿠스쿠스는 사막의 베르베르족이 주로 먹던 음식으로 밀가루를 비벼 만든 알갱이를 밑에 깔고, 그 위에 고기나 채소를 얹은 뒤 각종 소스로 버무려 만든다. 밀가루 알갱이의 쫀득쫀득한 식감이 좋다.

싱싱한 민트 잎에 설탕이 적당히 섞인 민트 티Mint Tea와 커피 반, 우유 반이 들어간 모로코식 커피, 누스누스Nousnous는 모로코의 국민 음료다. 매일 한두 잔은 꼭 마시게 될 만큼 중독성이 강하다.

쿠스쿠스

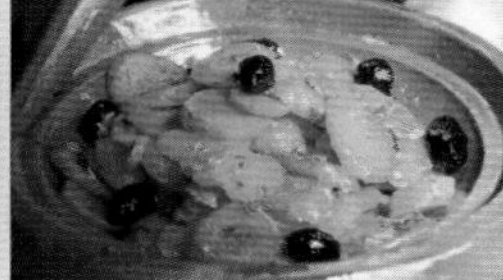

타진

더 자세히 알아보자!

쿠스쿠스(Couscous)

북부 아프리카의 가장 대표적인 음식은 쿠스쿠스이다. 쿠스쿠스는 거칠게 빻은 밀에 고기와 감자, 양파 등을 얹어 찌거나 삶은 요리를 말한다. 거칠게 빻은 밀은 씹히는 맛이 좋고 어떤 재료를 넣어도 잘 어울린다. 보통은 양고기를 넣지만, 쇠고기나 생선을 넣기도 한다. 쿠스쿠스의 요리법은 지역마다 약간 다른데 알제리에서는 물기없이 찌고 튀니지에서는 다양한 소스를 얹어 질퍽하게 요리 한다.

타진(Tajine)

모로코의 대표적 음식은 '타진'이다. 원래 도자기 냄비의 이름에서 유래 된 타진은 모로코식 탕으로 고기, 감자, 옥수수콩, 완두, 당근, 양파 등의 재료에 다양한 향신료를 곁들여 약한 불에서 오랫동안 익힌 음식이다. 타진은 원래 원뿔처럼 생긴 뚜껑이 있는 도자기 냄비의 이름이다. 그래서 타진은 냄비 째 식탁에 올려놓고 먹는다.

하리라(Harira)

모로코의 전통 수프인 '하리라'가 있다. 카레와 비슷한 향신료와 고기, 옥수수, 콩 등을 넣어서 끓인 수프로 노란색을 띤다. 식사 전에 주로 먹으며, 모로코 어디에서나 먹을 수 있다.

브로쉐(Brochettes)

꼬챙이로 꿴 고기를 뜨거운 석탄 위에서 구운 요리로 구운 감자와 함께 나오는 구운 닭과 같이 먹는다.

페스의 특이한 요리

비둘기 고기와 레몬 향을 낸 계란, 아몬드, 계피, 사프란, 설탕 등을 좋은 페이스트리 반죽에 넣어 요리한 파스틸라(Pastilla)가 있다.

바스티야(BASTILLA)

북아프리카 지역의 비둘기고기로 만든 파이. '반죽'이라는 뜻을 지닌 스페인어 'Pastilla'에서 어원을 찾을 수 있다. 이 파이는 모로코인들이 특히 즐겨 찾으며 휴가나 결혼식, 손님이 올 때 등 중요한 행사에서 전채 요리로 대접한다.

비둘기고기, 양파, 파슬리, 삶은 달걀, 아몬드 등으로 이루어진 속을 와르카(Warqa)라고 하는데, 얇은 반죽으로 와르카를 감싸 오븐에 굽고, 슈거파우더나 계핏가루를 뿌려 낸다. 속에 들어가는 고기는 주로 비둘기고기를 사용하는데, 최근에는 비둘기고기를 구하기 힘들어 닭이나 생선으로 대체하기도 한다.

바그리르(BAGHRIR)

모로코식 크레이프인 바그리르. 건조 파스타를 만드는 세몰리나로 반죽을 하고 이스트를 넣어 발효시켜 구워 표면에 구멍이 숭숭 뚫려 있다. 이 구멍 속으로 꿀이나 버터가 속속 잘 배어든다. 조리 방법이 어렵지 않아 대부분의 모로코 사람들이 간식으로 선호한다. 또한 영양이 풍부하고 가볍게 먹을 수 있어 라마단 기간에 즐겨 찾는 음식이기도 하다.

모로코의 축제

무셈 축제

모로코는 이슬람 축제 외에 토속적인 축제가 많이 남아 있는 나라이다. 그중 무셈 축제가 대표적인 축제인데, 이 축제는 이슬람의 신비주의인 수피즘과 관련이 있다. 무셈 축제는 성자의 탄생이나 죽음을 기념한다. 이런 관습은 이슬람 정통 교리에서는 허용되지 않지만 모로코에서는 널리 허용되고 있다.

무셈 축제 때에는 여성 무용수들이 무리지어 돌아다니며 드럼을 연주하고 춤을 추며, 흑인 댄스 음악가들이 민속춤을 추는 등 인상적인 볼거리가 많다.

불의 축제

모로코의 마라케시에는 지금도 많은 베르베르족이 살면서 오랜 기간 동안 전통을 보존하고 있다. 그들의 축제 중에는 낮이 가장 긴 날인 하지에 열리는 불의 축제가 있다. 이때에는 여자들이 함께 노래를 부르는 매우 특이한 의식을 치른다. 노래는 대부분 이슬람교의 성인 이야기를 비롯해 옛날부터 전해 오는 이야기를 담고 있다. 그래서 그들의 노랫소리는 힘차면서도 한편으로 슬픈 느낌을 준다. 여자들의 품위가 있고 아름다운 노랫소리는 소박한 민속 무용과 아름다운 전통 옷이 어울려 관광객들에게 많은 사랑을 받고 있다.

이밀칠 축제

모로코의 사하라 사막근처, 이밀칠에서는 9월이 되면 축제가 열린다. 이 지역에 사는 베르베르족은 여름에 산에서 가축을 기르다가 9월이 되면 겨울을 보낼 집으로 몰려들어 축제를 벌인다. 축제는 3일간 열리는데 그동안 사람들은 천막에서 지내며 가축, 곡식, 옷 등 겨울을 나는 데 필요한 것들을 마련한다. 말, 낙타, 염소, 양 등 가축과 옷, 양탄자, 곡식, 무화과 등을 가지고 나와 자기가 필요한 물건으로 바꾸어 간다.

이 축제에는 '로미오와 줄리엣' 이야기와 비슷한 전설이 있다. 이밀칠의 청년 이슬리와 티슬릿 아가씨는 서로 사랑했지만 양가가 원수 집안이어서 결혼을 허락받지 못했다. 그들은 결국 슬픔을 이기지 못하고 호수에 몸을 던지고 말았다. 그 뒤로 사람들은 자녀가 사랑하는 사람과 결혼하도록 하였다. 그래서 주변 여러 마을 사람들이 다 모이는 이밀칠 축제 때는 사랑하는 사람과 결혼을 약속하는 풍습이 생겼다.

헤지라

이슬람교의 새해를 헤지라라고 하는데, 이날은 예언자 무함마드가 622년에 메카에서 메디나로 옮겨 가서 이슬람 공동체를 세운 것을 기념하는 날이다. 이슬람력으로 첫 번째 달을 뜻하는 무하람은 성스럽게 여겨지는 날이다.

▶ 이슬람력

이슬람력은 태음력을 기초로 한다. 1년은 12달로 이루어져 있고, 각 달은 29일과 30일이 번갈아서 온다. 1년은 354일이나 355일로 태양력보다 짧다. 이슬람력은 매년 같은 계절에 축제를 하기 위해 날짜를 조정하는 일이 없으며 아주 정교하다고 알려져 있다.

محرم	صفر	ربيع أول	ربيع ثان	جمادى أول	جمادى ثان
1월 알 무하람 (Muharram)	**2월** 서파 (Safar)	**3월** 라비 알아왈 (Rabí al-Awwal)	**4월** 라비이울아키르 (Rebiülahir)	**5월** 주마다 알울라 (Cemaziyelevvel)	**6월** 주마다 알아키라 (Cemaziyelahir)
رجب	شعبان	رمضان	شوال	جمادى أول	جمادى ثان
7월 라잡 (Recep)	**8월** 샤반 (Şaban)	**9월** 라마단 (Ramazan)	**10월** 샤으와알 (Şevval)	**11월** 둘 까으다 (Zilkade)	**12월** 둘 힛자 (Zilhicce)

▶ 헤지라력

예언자 무함마드는 570년경 메카에서 태어났다. 이슬람교도들은 610년경에 무함마드가 알라로부터 계시를 받았다고 믿는다. 알라는 이슬람교도들이 믿는 오직 하나밖에 없는 신을 뜻한다. 무함마드는 사람들에게 알라를 믿어야 한다고 가르쳤다. 그러나 메카의 통치자가 무함마드를 위협하자 622년에 무함마드는 그를 따르는 사람들과 함께 메디나로 옮겨 갔다.

라마단

이슬람력의 아홉 번째 달은 '라마단'이라고 한다. 이슬람교도들은 이 기간에 무함마드가 알라의 첫 번째 계시를 받았다고 믿기 때문에 라마단 기간을 특별하게 생각한다. 라마단 기간에 이슬람교도들은 금식을 한다. 마지막 10일간의 밤은 '라일라툴 카드르'라고 하는데, 이 기간에는 밤마다 사원에 간다. 이때에 천사가 내려와서 알라를 진심으로 믿는 사람들에게 복을 준다고 믿기 때문이다.

▶라마단 기간의 금식

이슬람교도들은 라마단 기간 동안 새벽부터 해가 질 때까지 금식을 한다. 음식이나 물, 심지어 껌이라도 입에 대서는 안 된다. 금식을 하면 몸과 마음, 영혼이 알라에게만 집중할 수 있게 되기 때문이다. 건강한 성인들은 모두 금식을 해야 하지만 어린아이, 임산부,노인, 병약자는 금식하지 않아도 된다.

이때 금식하지 않은 기간은 나중에 보충해야 한다. 해가 진 후에는 대추야자나 물 같은 것을 먹으면서 금식을 끝낸다. 이것을 '이프타르'라고 한다. 그런 다음 가족이나 친구들끼리 모여 식사를 하는데 매일 밤 대도시의 사원에서는 이슬람교도 수백 명에게 저녁 식사를 제공한다.

▶라일라툴 카드르

사진출처 : 네이버 지식백과

무함마드는 40세 무렵, 메카 근처 히라 산의 동굴로 들어가 기도를 했다. 그런데 어느날 지브릴 천사가 나타나 그의 이름을 부르며 "읽어라!"하고 명령했다. 무함마드는 글자를 읽을 줄 모른다고 대답했다.

천사는 큰소리로 읽으라고 3번이나 말했지만 세 번째 명령이 떨어지자 무함마드는 놀랍게도 쿠란의 맨 처음 글자를 읽을 수 있었다. 그날 밤은 나중에 결정의 밤이라고 하는 '라일라툴 카드르'라고 불리게 되었다.

▶라마단을 끝내며

다음 달의 시작을 알리는 초승달이 뜨는 날 밤, 사람들은 라마단이 끝나는 것을 보려고 거리에 모여든다. 아침이 되면 금식을 끝낸 것을 축하하는 이드 알피트르 축제가 시작된다. 사람들은 깨끗이 목욕하고 가장 좋은 옷으로 갈아입은 다음 간단히 아침을 먹고 나서 큰 사원이나 광장에 모여 기도한다. 사람들은 서로 "즐겁게 축제를 보내세요"라는 "이드 무바라크"라고 말하면서 인사를 나누고 집집마다 인사하러 다닌다.

이드 알피트르 기도

이드 알피트르 축제 때에는 큰 사원이나 광장에서 기도회가 열린다. 이슬람교도들은 금식을 끝내게 해 준 것에 대해 알라에게 감사 기도를 드린다. 이때에는 하루에 5번씩 드리는 기도 외에 해가 진 뒤에 특별히 이드 알피트르 기도를 드린다. 또한 사람들은 알라 앞에서 모두 평등하다는 것을 나타내기 위해 하얀 가운을 걸친다.

축제 음식

이슬람교도들은 달이 뜨고 나면 이드 알피트르 축제를 위한 장식을 하고, 축제 음식을 준비한다. 축제 음식 중 하나인 마모울은 밀가루와 대추야자, 호두 등으로 만든 전통 케이크이다. 요구르트 가루로 만든 라반을 먹기도 하며, 아이들은 사탕, 견과류, 돈 등을 받는다.

이슬람교를 회교(回敎)라고 부르는 이유

흔히 종교는 창시자의 이름을 따라 부르는 것이 보통이다. 예컨대 불교는 부처(佛), 즉 석가모니의 명칭에서, 크리스트교는 하나님의 아들 예수 크리스트의 명칭에서 비롯된 것이다. 그래서 서양에서는 이슬람교를 **'무함마드교'**라고 부르기도 한다. 그러나 정작 이슬람교도들은 이 명칭을 좋아하지 않는다. 왜냐하면 이슬람교는 무함마드가 아닌 유일신 **'알라'**를 믿는 종교이기 때문이다. 그들은 이슬람교가 무함마드에 의해 처음 시작된 종교가 아니라 인류의 시조인 아담 때부터 있었으며, 무함마드에 의해 완성된 종교로 보고 있다.
우리나라에서는 이슬람교를 회교(回敎)라고 부르기도 한다. 이는 중국 명나라와 청나라 때 신장성에 있는 이슬람교를 믿는 회흘(回鶻)족(위그루족)을 부른 데서 유래한 것이다.

이슬람교의 금기 음식
이슬람교에서는 돼지고기를 금하고 있다. 이슬람교도들은 자기 나라에 있을 때는 물론이고 외국에 나가서도 돼지고기를 절대로 먹지 않는다. 그리고 다른 동물의 고기를 먹을 경우에도 자연사한 동물과 알라의 이름으로 죽인 동물의 고기만을 먹는다. 그래서 외국에 나간 이슬람교도들은 이슬람의식에 따라 죽인 고기만을 파는 이슬람교도를 위한 정육점에서 고기를 구한다. 이 정육점을 **'할랄'** 정육점이라고 한다. 그러나 배가 고파 생명이 위험하다든지, 병을 고치기 위해서 다른 고기를 먹는 것은 허용된다. 한편 코란에 규정되어 있지는 않으나, 개고기 역시 돼지고기만큼 엄격히 금지된다. 해산물에 대해서는 특별한 금지 규정이 없으나, 대체로 비늘이 없는 해산물, 즉 전복, 오징어, 조개 등은 먹지 않는다.

쇼핑

모로코의 전통 신발인 바부시Babusi와 발가Balga

바부시는 발끝이 뾰족하고 뒤가 트인 형태의 슬리퍼같은 모로코 신발로 여자용은 색이 다채롭고 금으로 수놓은 것도 있다. 발가는 슬리퍼의 일종으로 모로코인들은 이렇게 신고 벗기 편한 신발을 좋아한다.

모로코 남자의 전통 의상, 질레바

질레바Diellaba는 모로코 남자들이 입는 전통 의상이다. 긴 소매에 뾰족한 모양의 후드가 붙어 있는 것이 특징인데, 겨울에 모로코를 찾으면 너나 할 것 없이 모든 남자가 질레바를 입고 다닌다. 마치 영화 '해리포터'나 '스타워즈'의 마법사 복장을 떠올리게 하는데, 따뜻하고 저렴해 여행자에게 인기가 높다. 마라케시 시장에서 구입해 사하라 사막에 입고 간다면, 훌륭한 패션 아이템이 될 것이다.

아르간 오일

모로코 남서부에서만 나는 희귀종인 아르간Argan 나무에서 자란 열매를 짜서 만든 오일로 올리브 오일보다 훨씬 많은 비타민을 함유하고 있다. 모로코에서만 자라는 아르간 나무 열매에서 나온 아르간 오일은 피부보습 뿐만 아니라 피부독소를 배출하는데 도움을 줘서 여드름이나 염증치료에도 효과가 있다고 한다. 머리부터 발끝까지 어디에 발라도 될 만큼 피부에 좋다.

모로코 시장을 걷다 보면 허름한 가게부터 화려한 체인점까지 각양각색의 아르간 오일을 파는 상점이 정말 많다. 가짜가 많으니 아르간 오일 전문 매장에서 사는 것이 좋다. 오리지널 아르간 오일부터 재스민, 아카시아, 딸기 등의 재료와 혼합한 오일까지 종류가 다양해 선물용으로 그만이다.

아르간 나무

철의 나무라는 뜻의 아르가니에(Arganier)라고 부르는 아르간 나무는 모로코 동부지역에 주로 서식하는 약 8~10m높이의 낮은 나무로 나뭇잎은 작고 짧다. 바닷가부터 고도 약 1,500m높이까지 자라는데 약간 습기가 있는 아틀라스 산맥 기슭에서 주로 생존하고 우기때 비나 눈이 오면 몸통에 저장하고 또한 지층수에서 도움을 받아 산맥 기슭, 바닷가가 군락지이다.
아가디르와 에사우이라 사이에 위치한 150~200년까지 사는 생명력이 강한 나무로 가운데 나무 몸통은 크고 둥글고 가지는 여러 마디로 이루어져 마디가 짧고 여러 줄기로 꼬여 있다. 연료로도 사용하지만 요즈음 화장품 원료로 인기가 높다.

모로코 여행 밑그림 그리기

우리는 여행으로 새로운 준비를 하거나 일탈을 꿈꾸기도 한다. 여행이 일반화되기도 했지만 아직도 여행을 두려워하는 분들이 많다. 스페인과 함께 모로코를 여행하는 여행자가 급증하고 있다. 그러나 어떻게 여행을 해야 할지부터 걱정을 하게 된다. 아직 정확한 자료가 부족하기 때문이다. 지금부터 모로코 여행을 쉽게 한눈에 정리하는 방법을 알아보자. 모로코 여행준비는 어렵지 않다. 평소에 원하는 모로코 여행을 가기로 결정했다면, 준비를 꼼꼼하게 하는 것이 중요하다.

일단 관심이 있는 사항을 적고 일정을 짜야 한다. 처음 모로코 여행을 떠난다면 어떻게 준비할지 몰라 당황하게 된다. 먼저 어떻게 여행을 할지부터 결정해야 한다. 아무것도 모르겠고 준비를 하기 싫다면 패키지여행으로 가는 것이 좋다. 모로코 여행은 스페인여행에서 탕헤르로 입국해 짧게 모로코 북부나 대서양해안의 도시 일부만 2박 3일, 3박 4일, 4박 5일 여행이 많아졌다. 해외여행이라고 이것저것 많은 것을 보려고 하는 데 힘만 들고 남는 게 없는 여행이 될 수도 있으니 욕심을 버리고 준비하는 게 좋다. 여행은 보는 것도 중요하지만 같이 가는 여행의 일원과 같이 잊지 못할 추억을 만드는 것이 더 중요하다.

다음을 보고 전체적인 여행의 밑그림을 그려보자.

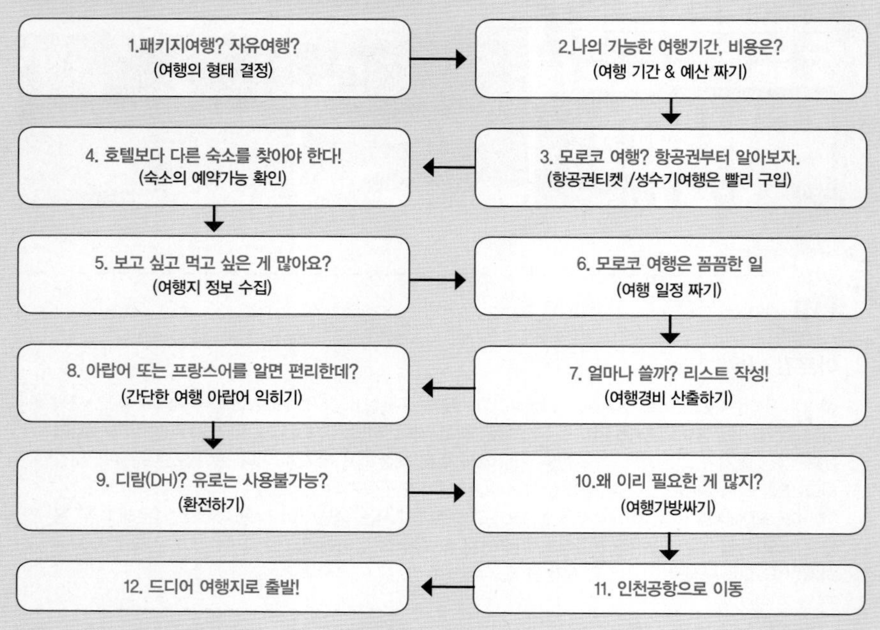

결정을 했으면 일단 항공권을 구하는 것이 가장 중요하다. 항공료가 비싼 모로코는 먼저 항공권을 확인하면 항공료, 숙박, 현지경비 등 편리하게 확인이 가능하다. 전체 여행경비에서 항공료와 숙박이 차지하는 비중이 가장 크지만 너무 몰라서 낭패를 보는 경우가 많다. 평일이 저렴하고 주말은 비쌀 수밖에 없다.

패키지여행 VS 자유여행

모로코로 여행을 가려는 여행자가 급속하게 늘어나고 있다. 하지만 누구나 고민하는 것은 여행정보는 어떻게 구하지? 라는 질문이다. 그만큼 모로코에 대한 정보가 매우 부족한 상황이었다. 모로코를 여행하는 여행자들은 의외로 정보가 없다는 이유로 패키지여행을 선호했다. 20~30대 여행자들이 늘어남에 따라 패키지보다 자유여행을 선호하고 있다. 이슬람교를 믿는 여행지 중에 안전한 나라이다 보니 새로운 자유여행이 늘어나고 있다. 이들은 현지 숙소나 호스텔을 이용하여 여행하면서 여행을 즐기고 있다.

편안하게 다녀오고 싶다면 패키지여행

모로코가 뜬다고 하니 여행을 가고 싶은데 정보가 없고 나이도 있어서 무작정 떠나는 것이 어려운 여행자들은 편안하게 다녀올 수 있는 패키지여행을 선호한다. 효도관광, 동호회, 동창회에서 선호하는 형태로 여행일정과 숙소까지 다 안내하니 몸만 떠나면 된다.

연인끼리, 친구끼리, 가족여행은 자유여행 선호

모로코를 제대로 저렴하게 다녀오고 싶은 여행자는 패키지여행을 선호하지 않는다. 특히 모로코를 다녀온 여행자는 모로코에서 자신이 원하는 관광지와 사하라사막을 찾아서 다녀오고 싶어 한다. 여행지에서 선호하는 것이 바뀌고 여유롭게 이동하며 보고 싶고 먹고 싶은 것을 마음대로 찾아가는 연인, 친구, 가족의 여행은 단연 자유여행이 제격이다. 지금은 모로코 북부나 대서양 연안의 일부 도시만을 보고 오는 여행자가 많지만 모로코 일부를 벗어나 사하라사막, 마라케시 등 이국적인 이슬람 문화와 아름다운 자연을 즐기려는 여행자도 늘어날 것으로 본다.

모로코 여행은 겨울에 즐기자!

아프리카는 적도에 가깝기 때문에 여름의 모로코 여행은 쉽지 않다. 모로코여행의 성수기는 10월 이후부터이다. 겨울에는 지중해에서 불어오는 바람으로 모로코 여행은 우리나라의 봄같은 날씨인 가을, 겨울에 여행하는 것이 가장 좋다. 저녁에 체감온도가 떨어지기 때문에 대비만 잘하면 된다.

1. 겨울 한낮의 온도 20도

12월~1월은 더운 대륙인 아프리카도 겨울철이라 추워진다. 추워진다고 우리나라의 겨울이 아니라 봄 같은 날씨가 전 세계의 관광객을 끌어 모은다. 활동하기에 좋고 덥지 않아서 사하라사막도 여행하기가 좋다. 따라서 여름보다 가을 이후에 여행의 정보를 활용해 여행하여 방한 대책만 알고 여행하면 새로운 모로코 여행의 즐거움을 찾을 수 있다.

2. 오렌지 생산 8위

모로코는 겨울에도 오렌지를 맛볼 수 있다. 또한 길거리에 많은 과일 중에 오렌지를 저렴한 가격에 좋은 오렌지를 매일같이 즐길 수 있다. 이외에도 아르간과 올리브까지 많은 모로코에서 유기농 제품을 많이 볼 수 있을 것이다.

3. 타진과 쿠스쿠스가 맞지 않는다면 미리 준비하자!

모로코 여행에서 음식이 입맛에 맞지 않을 거 같아 걱정이라면 우리나라에서 떠나기 전에 마트에서 필요한 식품들을 사두면 편리하다. 라면, 햇반, 고추장, 밑반찬 등이다.

4. 방한대책

겨울의 날씨가 대한민국의 봄 같은 날씨여도 저녁에는 체감온도가 낮아지기 때문에 겨울에는 체감온도가 낮아진다. 두터운 보온양말, 패딩 같은 몸의 온도를 보호할 수 있는 방한대책을 준비하고 핫(Hot)팩은 미리 한국에서 챙겨 가면 추울 때 유용하게 사용하게 된다.

5. 실시간 날씨 검색

겨울에 모로코를 여행하면 미리 일기예보 검색을 하는 것이 좋다. 네이버를 통해 검색을 해도 되지만 조금 더 자세한 날씨 정보를 원한다면 구글의 날씨 정보를 활용하자.

모로코 Eating의 특징

이슬람교를 믿는 모로코는 음식이 맞지 않으면 어떨까 고민하지만 프랑스의 식민지 시기가 있어 프랑스 음식이 프랑스와 비슷한 맛이 난다. 모로코 여행에서 모로코의 전통음식인 타진과 꾸스꾸스만 먹고 여행을 할 수는 없다. 모로코에서 먹는 타진과 꾸스꾸스는 현지인에게 유명해도 우리의 입맛에 맞지 않은 경우가 많아 실제로 유명음식점을 찾기는 매우 힘들다. 모로코여행에서는 우리나라에서 사전에 모로코여행에서 먹을 음식을 준비해 가면 모로코여행에서 음식이 맞지 않아도 걱정을 덜 수 있다.

1. 모로코 레스토랑이 메디나 안에 있을 경우 간판이 보이지 않아 찾기가 힘들다. 그럴 때는 현지인에게 물어보고 찾아가는 것이 헤매지 않는 방법이다.

2. 모로코 레스토랑의 메뉴는 대부분 타진과 꾸스꾸스이므로 카페에서 피자나 파스타 등의 음식도 먹을 필요가 있다. 그래야 다양하게 맛있는 음식을 즐길 수 있다.

3. 유럽 관광객이 많기 때문에 이탈리아나 프랑스 음식이 현지와 비슷한 맛이 나는 경우도 있어 모로코음식이 입맛에 맞지 않으면 다른 메뉴를 찾아보자.

4. 대부분의 숙소는 조식을 제공하므로 조식을 항상 챙기는 것이 좋다. 모로코의 뜨거운 날씨 때문에 음식점의 시작하는 시간이 늦다. 이들은 낮에는 활동을 삼가고 해가 지는 오후 4시 이후로 활동을 하면서 저녁도 늦게 먹으므로 조식을 먹지 않으면 점심을 일찍 먹을 레스토랑이 없는 경우가 많다.

5. 모로코에도 현대화된 마트와 몰Mall이 대도시에는 있다. 맥도날드나 KFC 등의 햄버거와 피자도 판매하고 있으니 모로코 전통 음식이 지겹다면 한번 정도는 햄버거나 피자도 좋은 식사가 된다.

모로코 숙소에 대한 이해

모로코 패키지여행이라면 숙소에 대한 자유는 없다. 대부분은 패키지 상품에서 예약한 호텔에서 묵는다. 모로코 여행이 처음이고 자유여행이면 숙소예약이 의외로 쉽지 않다. 자유여행이라면 숙소에 대한 선택권이 크지만 선택권이 오히려 난감해질 때가 있다. 모로코 숙소의 전체적인 이해를 해보자.

1. 모로코에서 관광객은 메디나 안인지, 메디나 밖에서 머물 것인지를 먼저 결정해야 한다. 메디나 안에는 모로코 전통 양식의 집인 리야드에서 머무를 수 있다. 메디나 밖이라면 시내에서 떨어져 있다면 짧은 여행에서 이동하는 데 시간이 많이 소요되어 좋은 선택이 아니다.

아랍 느낌 물씬 나는 전통 숙소, 리아드

모로코의 전통 여관을 호텔 수준으로 업그레이드한 숙소이다. 천장이 높은 아라비안풍의 객실로 꾸며져 있다. 화려한 융단과 카펫, 스테인드글라스로 장식된 창문 등 이국적인 인테리어가 중세 페르시아 가옥에 초대된 기분을 들게 한다.
도시 전경을 내려다볼 수 있는 옥상 테라스도 일품. 각 도시의 구시가인 메디나 안에는 리야드가 다 존재하지만 마라케시, 페스, 쉐프샤우엔 메디나 안에 리야드가 많은 편이다.

2. 가장 먼저 고려해야 하는 것은 자신의 여행비용이다. 모로코에서 개인당 2~3만원이면 깨끗하고 만족스러운 숙박시설을 찾을 수 있다. 마라케시와 카사블랑카 시내를 제외하면 더 저렴해도 충분히 좋은 숙소는 많다. 모로코에는 많은 호스텔이 있어서 호스텔도 시설에 따라 가격이 조금 달라진다. 한국인이 많이 가는 호스텔로 선택하면 선택해 문제가 되지는 않을 것이다.

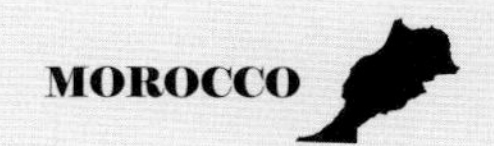

3. 숙박업소마다 도시세City Taxes를 내는 숙소가 대부분이지만 안 내는 숙소도 있으니 도시세가 있는지 확인해야 한다. 도시세는 숙박시설이 비쌀수록 도시세가 비싸기 때문에 미리 얼마인지 확인하는 것이 좋다. 모르다가 내는 도시세는 마치 돈을 떼어가는 느낌이 든다.

도시세

메디나 안에 있는 호텔 이용료에는 모로코 여행자 특별법에 의해 개인당 1박 3유로(30디람) 정도의 수수료가 따로 붙는다.

4. 혼자 여행한다면 호스텔이 좋지만 의외로 깨끗한 호스텔 찾는 것이 쉽지 않다. 그래서 반드시 후기를 참조해 숙박을 결정하는 것이 후회를 줄이는 방법이다. 5명만 모여도 호스텔 가격이나 리야드 숙박 가격이 비슷할 수 있으니 같은 동선의 여행자라면 같은 숙소를 찾아보는 것도 좋은 방법이다. 에어비앤비를 이용한 숙소도 대부분 리야드이기 때문에 아파트는 거의 없다. 리야드도 내부는 다 수리를 하고 현대식인 경우가 많기 때문에 청결도 문제는 없다.

5. 대서양 연안에 있는 도시의 호텔이 주로 비싼 가격이 형성되어 있다. 특히 아가디르는 정말 비싼 리조트와 호텔이 즐비하다. 모로코는 정말 가격이 천차만별로 다양하다. 5성급도 대한민국보다 비싼 호텔도 많기 때문에 무조건 저렴한 숙소만 있는 것은 아니다.

6. 에어비앤비나 부킹닷컴을 이용해 리야드를 이용하려면 시내에서 얼마나 떨어져 있는지를 확인하고 숙소에 도착해 어떻게 주인과 만날 수 있는지 전화번호와 아파트에 도착할 수 있는 방법을 정확히 알고 출발해야 한다. 숙소에 도착했어도 주인과 만나지 못해 숙소에 들어가지 못하고 1~2시간만 기다려도 화도 나고 기운도 빠지기 때문에 여행이 처음부터 쉽지 않아진다.

7. 모로코에 한인민박은 없다. 간혹 유럽처럼 한국인이 운영하는 민박을 찾고 싶어 하는 여행자가 있는데 아직 한인민박이 없다. 민박보다는 리야드에 숙박하는 것이 더 좋은 선택이다.

8. 조식이 포함되어 있는 숙소가 많다. 모로코에서 주식인 홉스나 빵의 가격이 저렴하기 때문에 숙소는 조식을 포함시켜 놓는다. 특히 리야드에는 조식이 포함되어 있다. 리야드에서 여유롭게 아침식사는 하는 것은 마치 브런치를 먹는 느낌이어서 리야드에서 조식을 먹지 못하고 여행에서 돌아오지 말자.

숙소 예약 사이트

부킹닷컴과 에어비앤는 전 세계에서 가장 많이 이용하는 숙박 예약 사이트이다. 블라디보스토크에도 많은 숙박이 올라와 있다.

Booking.com
부킹닷컴
www.booking.com

에어비앤비
www.airbnb.co.kr

알아두면 좋은 블라디보스토크 리야드 호텔 이용 팁(Tip)

1. 미리 예약해야 싸다.
일정이 확정되고 호텔에서 머물겠다고 생각했다면 먼저 예약해야 한다. 임박해서 예약하면 같은 기간, 같은 객실이어도 비싼 가격으로 예약을 할 수 밖에 없다.

2. 후기를 참고하자.
리야드는 시설이 개인이 인테리어를 하고 호텔로 정부에 신고를 하고 의 선택이 고민스러우면 숙박예약 사이트에 나온 후기를 잘 읽어본다. 특히 한국인은 까다로운 편이기에 후기도 우리에게 적용되는 면이 많으니 장, 단점을 파악해 예약할 수 있다.

3. 미리 예약해도 무료 취소기간을 확인해야 한다.
미리 호텔을 예약하고 있다가 나의 여행이 취소되든지, 다른 숙소로 바꾸고 싶을 때에 무료 취소가 아니면 환불 수수료를 내야 한다. 그러면 아무리 할인을 받고 저렴하게 호텔을 구해도 절대 저렴하지 않으니 미리 확인하는 습관을 가져야 한다.

4. 냉장고와 에어컨이 없는 리야드가 많다.
모로코는 건조하기 때문에 그늘에만 있어도 우리나라의 여름 더위처럼 덥다는 느낌은 덜하다. 냉장고가 없는 기본 시설만 있는 리야드 호텔도 상당하다. 하지만 모로코가 관광산업 유치를 위해 냉장고가 비치되는 리야드가 늘어나는 추세이므로 미리 내부 시설을 확인하는 습관을 가지는 것이 좋다. 특히 건조해도 매우 더운 여름에는 에어컨과 냉장고가 있는지 확인하여야 고생하지 않는다.
전 세계 사람들이 집주인이 되어 숙소를 올리고 여행자는 손님이 되어 자신에게 맞는 집을 골라 숙박을 해결한다. 어디를 가나 비슷한 호텔이 아닌 현지인의 집에서 잠을 자도록하여 여행자들이 선호하는 숙박 공유 서비스가 되었다.

현지 여행 물가

저렴한 호텔과 레스토랑에서 숙박하고 식사를 한다면 하루에 3만 원이내에서 지낼 수 있다. 택시를 이용하고 적당한 가격의 호텔에서 지낸다면 5만 원 정도의 금액은 사용할 생각을 해야 한다. 사하라 사막투어 등의 투어를 이용하려면 추가 경비를 준비하자.

모로코 물가

많이 저렴하다. 보통 호스텔의 숙박비는 100디람 이하이다.(가장 저렴한 방 기준으로 대부분 60디람 정도) 호텔은 1박에 100디람 이상이다.

▶식사비용은 메인메뉴가 70디람 정도이다. 관광객이 주로 가는 로컬 레스토랑은 40디람 전후이다. 과일은 포도/자두/토마토는 1㎏에 15디람 정도, 직접 짜주는 오렌지 주스는 50ml(10디람), 물 1.5리터(5~7디람/식당에서 15디람), 모로코의 전통 빵인 홉스 개당 2~3디람(큰 홉스는 5디람), 요플레 개당 2디람, 초콜릿 / 과자 5디람 정도

▶인터넷 1시간 이용(5~10디람)
▶대부분의 박물관/관광지 입장료 10디람

팁을 잘 이용하면 여행을 편하게 할 수 있다. 팁은 계산서 금액의 5~10%정도가 적당하다. 물건을 사거나 노천 식당의 음식가격은 흥정을 해야 한다. 흥정은 모로코 거리 생활의 일부나 다름없다. 기념품을 살 때는 미리 어느 정도 쓸 것인지를 생각하고 30~50%정도의 할인은 기본으로 해야 바가지를 막을 수 있다. 흥정이 안 될 때에는 다른 상점으로 이동하여 흥정을 하면서 적당한 가격을 확인하고 구입하는 것이 좋다. 50%까지도 흥정이 가능하지만 이것은 개인의 능력이다.

모로코 여행 계획 짜기

모로코여행에 대한 정보가 부족한 상황에서 어떻게 여행계획을 세울까? 라는 걱정은 누구나 가지고 있다. 하지만 모로코도 역시 유럽의 나라를 여행하는 것과 동일하게 도시를 중심으로 여행을 한다고 생각하면 여행계획을 세우는 데에 큰 문제는 없을 것이다.

1. 모로코는 세로로 긴 국토를 가진 나라이기 때문에 스페인과 인접한 북쪽의 스페인을 통해 탕헤르Tangier로 입국을 한다면 북쪽에서 남쪽으로 내려가서 다시 지중해 연안의 카사블랑카를 돌아오는 루트가 만들어진다.

[항공기로 카사블랑카 입국시]

2. 바로 카사블랑카Casablanca로 입국을 한다면 모로코의 중앙부분인 카사블랑카에서 남쪽의 에사우이라를 돌아 북쪽으로 돌아야 한다. 이때에도 다시 카사블랑카로 돌아와서 출국을 하는지 스페인으로 나가야 하는지 결정한다.

[페리로 탕헤르 입국시]

3. 입국 도시가 결정되었다면 여행기간을 결정해야 한다. 세로로 긴 국가인 모로코는 여행기간이 짧다면 북쪽이나 중앙과 남쪽도시를 여행할 수 있다. 다시 돌아오는 시간이 꽤 걸리기 때문에 여행 계획은 전체를 돌아보지는 못한다.

4. 패키지 여행상품에서 스페인을 통해 입국하는 짧은 4일 정도의 일정은 북쪽의 도시들만 여행하는 것으로 중요 도시들은 대부분 제외되기 때문에 권하지 않는다. 일주일정도의 시간이 있어야 중요 도시들만이라도 볼 수 있지만 촉박한 여행이 될 가능성이 높다.

5. 10~14일 정도의 기간이 모로코를 여행하는데 가장 기본적인 여행기간이다. 그래야 중요 도시들을 보며 여행할 수 있다. 물론 2주 이상의 기간이라면 소도시와 아틀라스 산맥까지 볼 수 있지만 개인적인 사정이 있기 때문에 각자의 여행시간을 고려해 결정하면 된다.

모로코 여행 추천 일정

4~5일 일정

스페인에서 탕헤르 입국시

탕헤르(Tangier) – 쉐프샤우엔(Chefchaouen) – 페스(Fez) – 라바트(Rabat)

카사블랑카 입국시

카사블랑카(Casablanca) – 라바트(Rabat) – 페스(Fez) – 쉐프샤우엔(Chefchaouen)

7일 일정

스페인에서 탕헤르 입국시

탕헤르(Tangier) – 쉐프샤우엔(Chefchaouen) – 페스(Fez) – 마라케시(Marrakesh) – 다시 비행기나 기차(시간이 많이 소요)를 타고 탕헤르로 이동

카사블랑카 입국시

카사블랑카(Casablanca) – 에사우이라(Essaouira) – 마라케시(Marrakesh) – 페스(Fez) – 라바트(Rabat)

10일 일정

스페인에서 탕헤르 입국시

탕헤르(Tangier) – 쉐프샤우엔(Chefchaouen) – 페스(Fez) – 마라케시(Marrakesh) – 카사블랑카(Casablanca) – 라바트(Rabat)

카사블랑카 입국시

카사블랑카(Casablanca) – 에사우이라(Essaouira) – 마라케시(Marrakesh) – 페스(Fez) – 쉐프샤우엔(Chefchaouen) – 라바트(Rabat)

2주 일정

스페인에서 탕헤르 입국시

탕헤르(Tangier) – 쉐프샤우엔(Chefchaouen) – 페스(Fez) – 메크네스(Meknes) – 마라케시(Marrakesh) – 에사우이라(Essaouira) – 카사블랑카(Casablanca) – 라바트(Rabat)

카사블랑카 입국시

카사블랑카(Casablanca) – 라바트(Rabat) – 페스(Fez) – 쉐프샤우엔(Chefchaouen) – 미델트(Midelt) – 아이트 벤하두(Ait Benhaddou) – 마라케시(Marrakesh) – 에사우이라(Essaouira)

3주 일정

스페인에서 탕헤르 입국시

탕헤르(Tangier) – 쉐프샤우엔(Chefchaouen) – 페스(Fez) – 메크네스(Meknes) – 볼루빌리스(Volubilis) – 라바트(Rabat) – 카사블랑카(Casablanca) – 마라케시(Marrakesh) – 에사우이라(Essaouira) – 아가디르(Agadir) – 와르자자트(Ouarzazate) – 아이트 벤하두(Ait Benhaddou) – 메르주가 – 사하라사막투어 – 이프란(Ifrane) – 페스(Fez) – 탕헤르(Tangier)

카사블랑카 입국시

카사블랑카(Casablanca) – 마라케시(Marrakesh) – 에사우이라(Essaouira) – 아가디르(Agadir) – 와르자자트(Ouarzazate) – 아이트벤하두(Ait Benhaddou) – 메르주가(사하라사막투어) – 이프란(Ifrane) – 페스(Fez) – 메크네스 – 볼루빌리스(Volubilis) – 쉐프샤우엔(Chefchaouen) – 탕헤르(Tangier) – 라바트(Rabat) – 카사블랑카(Casablanca)

스페인과 모로코를 동시에 여행하는 패키지의 기본일정

1일차 | 인천국제공항
2일차 | 인천 → 도하 → 마드리드
3일차 | 마드리드 → 톨레도 → 파티마
4일차 | 파티마 → 카보다로카 → 리스본 → 세비야
5일차 | 세비야 → 타리파 → 탕헤르
6일차 | 탕헤르 → 쉐프샤우엔 → 페스 → 카사블랑카
7일차 | 카사블랑카 → 라바트 → 탕헤르 → 타리파 → 말라가
8일차 | 말라가 → 미하스 → 론다 → 그라나다
9일차 | 그라나다 → 발렌시아
10일차 | 발렌시아 → 시체스 → 몬세라트 → 바르셀로나
11일차 | 바르셀로나 → 도하
12일차 | 도하 → 인천

렌트카 여행일정

렌트카 여행이 일반적인 모로코여행 방법과 다른 점은 점 여행과 선 여행의 차이라고 말할 수 있다. 버스를 이용해 도시에 도착하면 숙소로 이동해 쉬었다가 여행이 시작되는 여행은 점에서 점을 이동해 여행하는 것과 동일하다. 그렇다면 렌트카여행은 도시에서 다음 도시까지 이동하기 때문에 선으로 이동하는 일정이 정해진다. 그래서 효율적이고 자신이 원하는 관광지를 모두 다닐 수 있지만 운전을 하는 피곤한 점도 고려해야 한다.

스페인 탕헤르 시작일정

(1일차)탕헤르/아실라/라바트 – **(2일차)**카사블랑카/사피/에사우이라/마라케시 – **(3일차)**마라케시(휴식) – **(4일차)**에이트벤하두/와르자자트/토드라협곡 – **(5일차)**사하라 사막 투어(1박) – **(6일차)**사하라 사막(선라이즈 체험) – **(7일차)**페스 – **(8일차)**페스/메르주가 – **(9일차)**쉐프샤우엔 – **(10일차)**탕헤르

카사블랑카 입국일정

(1일차)카사블랑카/사피/에사우이라/마라케시 – **(2일차)**마라케시(휴식) – **(3일차)**에이트벤하두/와르자자트/토드라협곡 – **(4일차)**사하라/사막 투어(1박) – **(5일차)**사하라 사막/선라이즈 체험 – **(6일차)**페즈 – **(7일차)**페즈/메르주가 – 쉐프샤우엔 – **(8일차)**탕헤르 – **(9일차)**아실라/라바트

모로코 교통 / 도로상황

모로코는 아틀라스 산맥의 고원지역을 운전하는 렌트카 운전 여행자들이 전 세계에서 몰려드는 나라이다. 아직은 우리에게는 생소하지만 모로코의 렌트 여행은 일반화된 여행이다. 모로코의 날씨가 건기와 우기로 나누어지는데, 우기의 비가 올 때는 운전을 자제하는 것이 좋다. 산길에서는 미끄럽고 뒤집힐 수도 있기 때문이다.

유류비는 모로코가 산유국이 아니라 우리나라보다 약간 싼 리터당 10.89디람(DR)정도(약1,200원)이다.

고속도로 톨게이트 비용은 탕헤르~아실라 구간 33DR, 아실라~라바트 51DR, 라바트~카사블랑카 21DR, 카사블랑카~마카케시(약 200㎞) 구간 65DR 정도로 우리나라와 비슷하다.

고속도로 통행료 진입

각 도시의 시내 운전 유의사항

1. 마라케시는 구시가지가 도시의 주요부분이라 시내에서의 운전은 매우 힘들다. 도시에는 오토바이가 많고 차선의 구분이 없이 끼어드는 차량과 오토바이가 많아 접촉사고가 날 것 같아 운전이 힘들다.

2. 시내운전은 보도로 붙어서 운전을 하기 보다는 중앙선에 붙어서 운전하는 것이 좋다. 무단횡단하는 사람들이 매우 많아 경적을 많이 누르지만 아랑곳하지 않고 도로로 사람들이 들어온다.

3. 페스는 모로코에서 대도시이지만 도시의 규모가 작고 도로가 새로 구축되어서 오토바이도 적고 시내운전은 그나마 쉬운 편이다. 쉐프샤우엔 시내는 산간도시로 들어가는 지점이 오르막길이라 수동은 더욱 조심해야 하고 비가 오면 미끄러지기 쉬워 조심해야 한다. 차량의 양은 다른 도시보다는 적다.

4. 야간의 국도 운전은 특히 주의를 해야 한다. 국도의 차길 옆으로 걸어서 이동하는 시민들이 검은 옷을 입고 있어 야간에는 안 보이는 경우가 많아서 상향등을 켜야 이동하는 사람이 보인다. 그러므로 되도록 중앙선으로 붙어서 운전을 하고 앞에 차량이 없다면 상향등을 켜고 운전을 하는 것이 사고를 막는 방법이다.

5. 외국 도로는 라운드 어바웃 구간이 대부분인데 모로코도 둥근 라운드 어바웃 운전시 익숙하지 않으니 조심해야 한다.

운전할 때 자주 만나는 경찰

모로코에서 운전을 하면 각 도시의 입, 출입로에 있는 경찰들이 많아서 긴장하게 되는데 도시에 진입하는 속도는 40㎞/h이니 속도를 잘 확인해야 한다. 도로에 경찰이 매우 많아서 긴장하는 운전자들이 많지만 도로규칙만 잘 지키면 경찰에게 잡힐 일은 없다. 고속도로가 아닌 지방 국도에서 빨리 가려고 속도를 높이다가 속도초과로 딱지를 끊는 일이 생길 수도 있는데, 국제 운전면허증, 여권과 렌트 회사에서 준 렌트 계약서를 주면 큰 문제는 없으니 경찰이 하라는 대로 하고 바로 벌금만 내면 된다.
도로마다 있는 경찰의 복장은 남색이고 속도초과를 잡아내는 경찰은 회색 경찰 복장이니 구분하고 있으면 도움이 된다. 속도초과는 경찰이 가지는 경우가 많지 않고 도로위의 표지판에 있는 경우가 없어서 속도초과로 딱지를 끊을 일은 별로 없지만 카사블랑카를 비롯한 해안 도시에 주로 속도초과를 잡아내는 회색 복장의 경찰들이 주로 배치되어 있다.

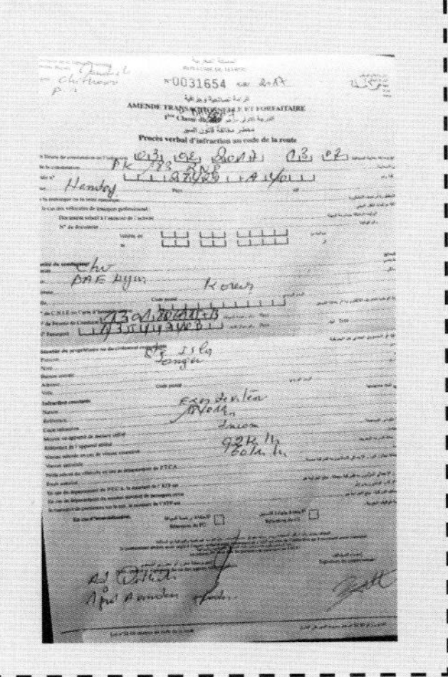
N°0031654
AMENDE TRANSACTIONNELLE ET FORFAITAIRE
Procès verbal d'infraction au code de la route

탕헤르
Tangier
테투앙
Tetouan
N16
아실라
Assilah
쉐프샤우엔
Chechaouene
알호세
Al Hoce
N1
A1
타우나테
Taounate
라바트
Rabat
A2
페스
Fes
카사블랑카
Casablance
케미세트
Khemisset
메크네스
Meknes
A8
보울레마네
Boulemane
알자디다
Al Jadida
세타트
Settat
N11
쿠리브가
Khouribga
케니프라
Khenifra
N1
A7
N13
사피
Safi
El kelaa
des Srarhna
베니멜랄
Beni Mellal
에르라
Errach.
아질랄
Azilal
에사우이라
Essaouita
N8
마라케시
Marrakech
N9
아이트 벤하두
Ait-Ben-Haddou
N10
메르주가
Merzouga
(사하라 사막투어)
와르자자트
Ouarzazate
A7
N10
아가디르
Agadir
타타
Tata
티즈니트
Tiznit
탄탄
Tan-Tan
고속도로
국도

모로코 도로 구분 4가지

1. A는 고속도로로 모로코의 고속도로는 왕복 4차선이고 120㎞/h까지 속도를 낼 수 있다. 고속도로에 차량이 많이 없어서 운전하기에 힘들지 않다. 고속도로는 모로코 제1의 도시인 카사블랑카를 중심으로 연결되어 있다.

2. N은 국도로 왕복 2차선의 도로가 대부분으로 시속100㎞/h까지 가능하다. 가끔은 왕복 4차선인 경우도 있다. 도로 상태는 고속도로처럼 좋고 차량도 많지 않아 운전하기에 어렵지 않다.

3. P, R은 지방 국도로 이 도로들은 상태가 좋지 않아 조심해야 한다. 왕복 2차선으로 트럭들이 많아 빨리 가려고 추월도 많이 한다. 도로의 구분이 잘 안 되어있어 상대편차선에서 차량이 오면 차선을 지키기가 어려울 수 있고 도로가 움푹 파인 곳도 있어 타이어에 펑크가 날 때도 있다.

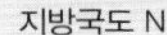
지방국도 N

지방국도 R

해외 렌트보험

■ 자차보험 | **CDW**(Collision Damage Waiver)

운전자로부터 발생한 렌트 차량의 손상에 대한 책임을 공제해 주는 보험이다.(단, 액세서리 및 플렛 타이어, 네이게이션, 차량 키 등에 대한 분실 손상은 차량 대여자 부담)
CDW에 가입되어 있더라도 사고시 차량에 손상이 발생할 경우 임차인에게 '일정 한도 내의 고객책임 금액(CDW NON-WAIVABLE EXCESS)'이 적용된다.

■ 도난보험 | **TP**(THEFT PROTECTION)

차량/부품/악세서리 절도, 절도미수, 고의적 파손으로 인한 차량의 손실 및 손상에 대한 재정적 책임을 경감해주는 보험이다.
사전 예약 없이 현지에서 임차하는 경우, TP가입 비용이 추가 되는 경우가 많다.
TP에 가입되어 있더라도 사고 시 차량에 손상이 발생할 경우 임차인에게 '일정 한도 내의 고객책임 금액(TP NON-WAIVABLE EXCESS)'이 적용된다.

■ 슈퍼 임차차량 손실면책 보험 | **SCDW**(SUPER COVER)

'일정 한도 내의 고객책임 금액 CDW NON-WAIVABLE EXCESS'와 'TP NON-WAIVABLE EXCESS'를 면책해주는 보험이다.
SUPER COVER은 절도 및 고의적 파손으로 인한 인차차량 손실 등 모든 손실에 대해 적용된다. SUPER COVER가 적용되지 않는 경우는 차량 열쇠 분실 및 파손, 혼유사고, 네이베이션 및 인테리어이다. 현지에서 임차계약서 작성 시 SUPER COVER를 선택, 가입할 수 있다.

■ 대인/대물보험 | **LI**(LIABILITY)

유럽렌트카에서는 임차요금에 대인대물 책임보험이 포함되어 있다. 최대 손상한도는 무제한이다. 해당 보험은 렌터카 이용 규정에 따라 적용되어 계약사항 위반 시 보상 받을 수 없습니다.

■ 자손보험 | **PAI**(Personal Accident Insurance)

사고 발생시, 운전자(임차인) 및 대여 차량에 탑승하고 있던 동승자의 상해로 발생한 사고 의료비, 사망금, 구급차 이용비용 등의 항목으로 보상받을 수 있는 보험이다.
유럽의 경우 최대 40,000유로까지 보상이 가능하며, 도난품은 약 3,000유로까지 보상이 가능하다.
보험 청구의 경우 사고 경위서와 함께 메디칼 영수증을 지참하여 지점에 준비된 보험 청구서를 작성하여 주면 된다. 해당 보험은 렌터카 이용 규정에 따라 적용되며, 계약사항 위반 시 보상받을 수 없다.

교통표지판

각 나라의 글자는 달라도 부호는 같다. 도로 표지판에 쓰인 교통표지판은 전 세계를 통일 시켜놓아서 큰 문제가 생기지 않는다. 그래서 표지판을 잘 보고 운전해야 한다. 다만 모로코에서만 볼 수 있는 교통 표지판이 있어 미리 알고 떠나는 것이 좋다.

동부지역은 1차선 다리가 많아서 다리를 건너기전, 사진의 표시가 1㎞전에 표지판으로 나와 있고 다리 앞에는 도로에 표시가 되어 있다. 1차선 다리 지점이 끝나면 끝나는 표시가 나와 있다.

주정차 금지 / 주차금지 / 속도제한 / 속도제한 해제 / 제한구역 해제

추월금지 해제 / 반대편 차량우선 / 차량통행금지 / 진입금지 / 추월금지

양보 / 전방 도로폭 감소 / 전방 신호등 / 양방향도로 / 위험

전방 로터리 (회전교차로) / 교차로 현주행차선 우선 / 고속도로 시작 / 고속도로 종료 / 권장속도

라운드어바웃

시내도로

1. 안전벨트 착용

우리나라도 안전벨트를 매는 것이 당연해지기는 했지만 아직도 안전벨트를 하지않고 운전하는 운전자들이 있다. 안전벨트는 생명을 지켜주는 생명벨트이기 때문에 반드시 착용하고 뒷좌석도 착용해야 한다.

운전자는 안전벨트를 해도 뒷좌석은 안전벨트를 하지않는 경우가 많은데 뒷좌석에 탔다고 사고가 나지않는 것은 아니다. 혹시 어린아이를 태우고 렌트카를 운전한다면 아이들은 모두 카시트에 앉혀야 한다. 카시트의 위치는 운전자가 뒷좌석의 카시트를 볼 수 있는 곳이 좋다.

2. 도로의 신호등은 대부분 오른쪽 길가에 서 있고 도로위에는 신호등이 없다.

신호등이 도로 위에 있지 않고 사람이 다니는 인도 위에 세워져 있다. 신호등이 도로 위에 있어도 횡단보도 앞쪽에 있다. 그렇기 때문에 횡단보도 위의 정지선을 넘어가서 차가 정지하면 신호등을 볼 수 없어 곤란해질 수 있다. 자연스럽게 정지선을 조금 남기고 멈출 수 밖에 없다. 횡단보도에는 신호등이 없는 경우도 있으니 횡단보도에서는 반드시 지정 속도를 지키도록 하자.

3. 비보호 좌회전이 대부분이다.

우리나라는 좌회전 표시가 있는 곳에서만 좌회전이 된다. 이 사실을 아직 모르는 운전자가 많다는 것 상담을 통해 알게 되었다. 모로코는 좌회전 표시가 없어도 다 좌회전이 된다. 그래서 더 조심해야 한다. 반드시 차가 오지 않음을 확인하고 좌회전해야 한다.

4. 우회전할 때 신호등이 빨간불이면 정지해야 한다.

우리나라는 우회전할 때 횡단보도에 파란불이 들어와있고 사람들이 길을 건너가는 중에도 사람들 틈으로 차를 몰아 지나가는 것을 목격할 수 있지만, 모로코에서는 '신호위반'사항이다. 신호등이 없으면 문제가 되지 않지만 우회전할 때 신호등이 있다면, 빨간불인지 확인하고 반드시 신호를 지켜야 한다.

5. 시골 국도라고 과속하지 말자.

시내의 메디나를 제외하면 차량의 통행량이 많지 않아 과속하는 경우가 있다. 절대 과속으로 사고를 내지 말아야 한다. 렌트카의 사고 통계를 보면 주택가나 시골로 이동하면서 긴장이 풀려서 사고가 나는 경우가 대부분이라고 한다.

사람이 없다고 방심하지 말고 신호를 지키고 과속하지 말고 운전해야 사고가 나지 않는다. 우리나라의 운전자들이 모로코에서 운전할 때 과속카메라와 경찰차가 거의 없다는 것을 확인하고 과속을 하는 경우가 많다. 재미있는 여행을 하려면 과속하지 않고 운전하는 것이 중요하다.

6. 신호등 없는 횡단보도에서도 잠시 멈추었다가 지나가자.

횡단보도에서는 항상 사람이 먼저다. 우리는 횡단보도를 건널 때 신호등이 없다면 양쪽의 차가 진입하는지 다 보고 건너야 하지만, 모로코는 건널목에서 항상 사람이 우선이기 때문에 차가 양보해야 한다. 그래서 차가 와도 횡단보도를 지나가는 사람들이 많다. 근처에 경찰이 있다면 걸려서 벌금을 물어야 할 것이다.

7. 교차로의 라운드 어바웃이 있으니 운행방법을 알아두자.

우리나라에도 교차로의 교통체증을 줄이기 위해 라운드 어바웃을 도입하겠다고 밝히고 시범운영을 거쳐 점차 늘려가고 있다. 하지만 아직까지 우리에게는 어색한 교차로방식이다. 모로코에는 라운드 어바웃Round About을 이용하는 교차로가 대부분이다. 라운드 어바웃방식은 원으로 되어있어 서로 서로가 기다리지 않고 교차해가도록 되어있다.
교차로의 라운드 어바웃은 꼭 알아두어야 할 것이 우선 순위이다. 통과할 때 우선순위는 원안으로 먼저 진입한 차가 우선이다.

그림[1] 그림[2]

예를 들어 정면에서 내차와 같은 시간에 라운드 어바웃 원으로 진입하는 차가 있다면 같이 진입해도 원으로 막혀 있어서 부딪칠 일이 없다.(그림1) 하지만 왼쪽에서 벌써 라운드 어바웃으로 진입해 돌아 오는 차가 있으면 '반드시' 먼저 라운드 어바웃 원으로 들어가서는 안된다. 안에서 돌면서 오는 차를 보았다면 정지했다가 차가 지나가면 진입하고 계속 온다면 어쩔 수 없이 다 가고나면 라운드 어바웃 원으로 진입해야 한다.(그림2)

모로코는 우리나라와 같은 좌측통행시스템이기 때문에 왼쪽에서 오는 차가 거리가 있다면 내차로 왼쪽 차가 부딪칠 일이 없다고 판단되면 원으로 진입하면 된다. 라운드 어바웃이 크면 방금 진입한 차가 있다고 해도 충분한 거리가 되므로 들어가기가 어렵지 않다.
라운드 어바웃 방식에서 차가 많아 진입하기가 힘들다면 원안에 진입한 차의 뒤를 따라 가다가 내가 원하는 출구방향 도로에서 나가면 되고 나가지 못했다면 다시 한 바퀴를 돌고 나가면 되기 때문에 못 나갔다고 당황할 필요가 없다.

8. 교통규칙을 잘 지켜야 한다.

예를 들어 큰 도로로 진입할때는 위험하게 끼어들지 말고 큰 도로의 차가 지나간 다음에 진입하자. 매우 당연한 말이지만 우리나라는 큰 도로의 차가 있음에도 끼어드는 차들이 많아 위험할때가 있지만 모로코에서는 차도 많지가 않아서 큰 도로의 차가 지나간 후 진입하면 사고도 나지않고 위험한 순간이 발생하지도 않는다.

9. 교통규칙중에서도 정지선을 잘 지켜야 한다.

교차로에서 꼬리물기를 하면 우리나라도 이제는 딱지를 끊는다. 아직도 우리에게는 정지선을 지키지 않는 운전자가 많지만 모로코에서는 정지선을 정말 잘 지킨다. 정지선을 지키지 않고 가다가 사고가 나면 불법으로 위험한 상황이 발생할 수 있다. 정지선을 지키지않아 사고가 나면 사고의 책임은 본인에게 있다.

운전사고

모로코에서 운전할 때 도로에서 빠르게 가는 차들로 위험하지는 낳지만 비가 오거나 바람이 많이 불어 도로가 위험해 질 경우가 있다. 그럴때는 갓길에 주차하고 잠시 쉬었다 가는 편이 좋다. 겨울에는 비가 많이 오기 때문에 잠시 쉬었다가 날씨의 상태를 보고 운전을 계속 하는 편이 낮다. 렌트카를 운전할 때 도로 상태가 나빠서 차량이 도로에 빠지는 경우는 많지만 차량끼리의 충돌사고는 거의 일어나지 않는다.

우리나라 사람들이 렌트카 여행할 때, 자동차 사고는 대부분이 여행으로 들뜬마음에 '방심'하여 사고가 난다. 안전벨트를 꼭 매고, 렌트카 차량보험도 필요한 만큼 가입하고 렌트해야 한다. 다른 나라에 가서 남의 차 빌려서 운전하면서 우리나라처럼 편안한 마음으로 운전할 수는 없다. 그러다 오히려 사고가 나니 적당한 긴장은 필수적이다.
혹시라도 사고가 난다면 처리는 렌트카에 들어있는 보험이 있으니 크게 걱정할 필요는 없다. 차를 빌릴 때 의무적으로, 나라마다 선택해야 하는 보험을 들으면 거의 모든 것을 해결해 준다.
렌트카는 차량인수시에 받는 보험서류에 유사시 연락처가 크고 굵직한 글씨로 나와있다. 회사마다 내용은 조금씩 다르지만 모로코의 어느 지역에서든지 연락하면 30분 정도면 누군가 나타난다. 혹시 걱정이 된다면 식스트나 허츠같은 한국에 지사를 둔 글로벌 렌트카업체를 선택하면 한국으로 전화를 하여 도움을 받을 수도 있다.
렌트카는 보험만 제대로 들어있다면 본인의 잘못으로 망가뜨렸다고 해도, 본인이 부담해야 하는 돈은 없고 오히려 새 차를 주어 여행을 계속하게 해 준다. 시간이 지체되어 하루 이상의 시간이 걸리면 호텔비도 내주는 경우가 있다. 그래서 렌트카는 차량을 반납할 때 미리 낸 차량보험료가 아깝지만 사고가 난다면 보험만큼 고마운 것도 없다.

각 도시 이동 구간

▶ 북부 쉐프샤우엔 – 페스(200㎞)

북부의 주요도시이지만 모로코 내에서는 작은 도시이고, 도로의 종류도 R, P도로로 상태가 좋지 않다. 산길이 많아 속도를 내지 못해 이동시간은 오래 걸린다. 쉐프샤우엔은 산간도시라 R412도로가 나오면서 산길이 끝나는 시점에 N13길이 시작된다.(4~5시간)

▶ 라바트 – 메크네스 – 페스(250㎞)

모로코의 중부로 가는 곳으로 산간도시인 쉐프샤우엔은 도로상태가 좋지 않지만 수도인 라바트로 가는 지점은 도로상태가 좋다.

▶ 탕헤르 – 아실라 – 라바트 – 카사블랑카(548㎞)

수도인 라바트와 대도시 카사블랑카를 연결하는 곳이라 고속도로인 A1으로 연결되어 있다. 해안을 보면서 이동하고 싶다면 R322 해안도로를 이용하면 된다. R도로여도 N국도처럼 도로상태는 좋기 때문에 운전이 어렵지 않다.

▶ 카사블랑카 – 마라케시(200㎞)

A7 고속도로를 이용하여 이동이 가능하고 휴게소도 중간에 많아 운전이 편리하다.(2~3시간정도 소요)

▶ 마라케시 – 아이트 벤하두(200㎞)

N9 국도를 이용해 이동이 가능한데 아틀라스 산맥을 넘어가는 도로이기 때문에 모로코에서 가장 차량이 많이 보였다. 트럭이 많고 운전을 좋아하는 여행자들이 산맥을 넘어가기 때문에 추월하는 차량이 많다. 도로상태가 좋아서 운전이 어렵지 않다.(2~3시간정도 소요)

▶ 아이트벤하두 – 하실라비드(400㎞)

N10 국도를 이용해 아틀라스 산맥을 올라간다. 다만 산길이 시작되기 때문에 구불구불한 도로가 사막도로가 인근에 있어 시야를 가리는 경우도 있다.(6~7시간 정도 소요)

▶ 메르주가 – 페스(450㎞)

N13, N8도로를 이용해 다시 중앙의 도시인 페스(Fes)로 이동하는 도로여서 도로 상태는 좋지만 산길이라 구불구불한 도로로 운전이 쉽지는 않다.

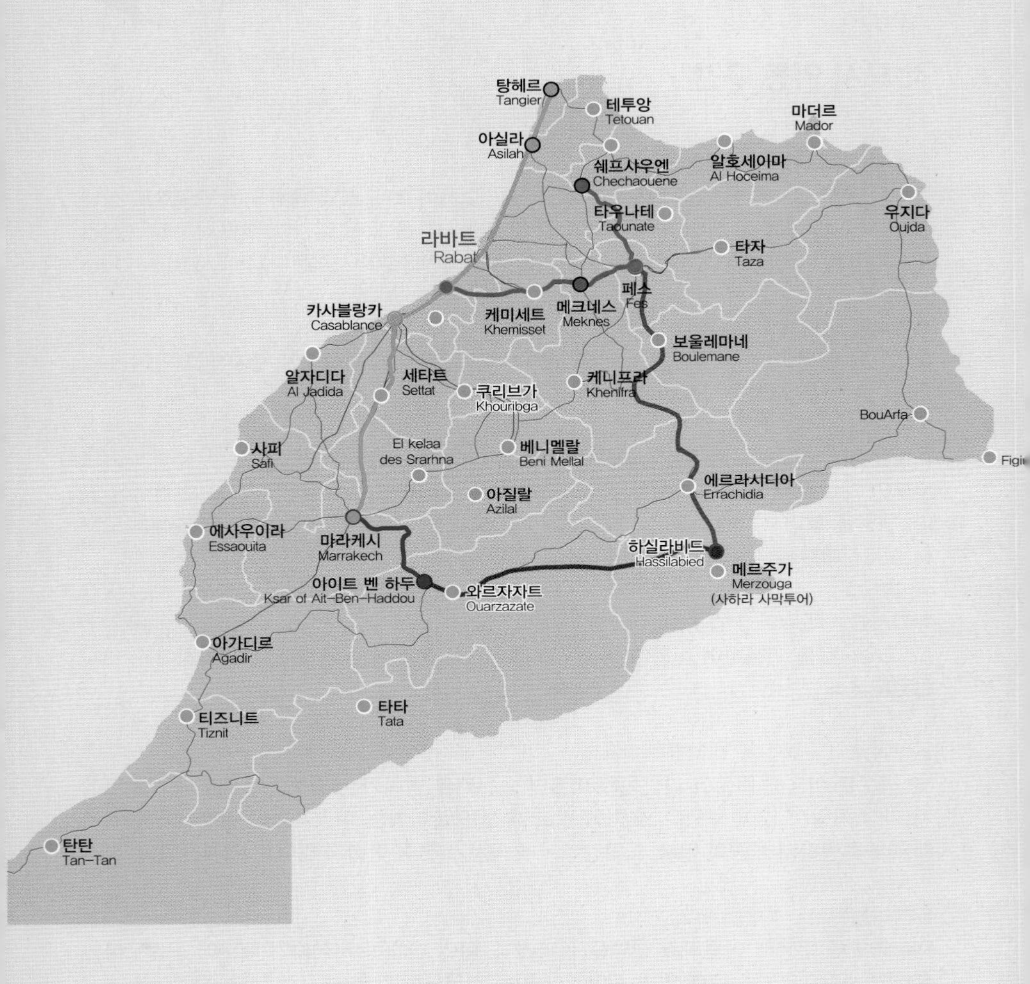

주차

마라케시, 페스, 쉐프샤우엔 등의 메디나 안으로 차량을 진입시키면 나오는데 매우 오래 걸리고 운전 스트레스가 극심할 것이다. 절대 메디나 안으로 진입하지 말자. 숙소가 메디나 안에 있다면 차량은 유료 주차장에 주차를 하고 숙소로 가야 한다.(주차비 1일 30디람 정도) 잠시 주차를 해야 한다면 야광조끼를 입고 있는 사람들이 관리를 해주는 구간이니 돈을 주고라도 이곳에 주차를 하는 것이 좋다. 주차장이 있어도 주차요원이 관리를 하고 주차비도 받는다. 전자식으로 된 주차장은 대도시의 현대적인 쇼핑몰을 제외하고는 없다.

모로코 여행 준비물

	품목	개수	체크	품목	개수	체크
생활용품	비치타올(수영장 이용시 필요)/타올	2~4		카메라, 메모리		
	썬크림	1		스카프		
	치약(2개)	2		스포츠샌들		
	칫솔(2개)	2		경량패딩		
	샴푸, 린스, 바디샴푸	1~2		모자(햇빛보호)		
	숟가락, 젓가락			멀티어뎁터		
식량	쌀			전투식량		5
	커피믹스	1		김		10
	라면	10		동결 건조김치		5
	깻잎, 캔 등	10		즉석 자장, 카레		5~10
	고추장, 쌈장	3				
약품	감기약, 소화제, 지사제, 진통제, 대일밴드					

소주나 보드카

미리 한국에서 소주를 사거나 공항 면세점에서 한두 병을 미리 사가면 편리하다. 이슬람 국가인 모로코에서 술 마시기가 쉽지 않다. 술 없이 낭만적인 사막의 밤을 보낼 수 없다면, 한국에서 소주를 사가지고 오거나, 공항 면세점에서 미리 보드카 한두 병을 사두는 것이 좋다. 오렌지주스나 레몬주스에 타서 제법 근사한 칵테일로 만들어 먹을 수도 있다.

데이터(심카드) 이용하기

모로코 국영 통신회사인 마로크maroc 텔레콤의 심카드는 속도도 빠르다. 사하라 사막 한가운데만 아니면 잘 통한다. 또는 메디텔Meditel 심Sim카드를 추천한다. 공항에서 1기가 데이터의 심Sim카드를 30~40 디르함에 살 수 있다. Inwi는 모로코의 가장 후발 통신사인데, 인지도도 부족하고 통신 인프라도 미약하기 때문에 광고를 많이 하지만 데이터이용이 대단히 불편하기 때문에 사용하지 않는 것이 좋다. 모로코 인들도 Inwi는 추천하지 않다. 일주일 이상 모로코를 여행할 경우에 2기가를 구입하면 넉넉하게 데이터를 사용할 수 있다.

사용방법

① 기존의 심카드를 빼고 새롭게 산 모로코 심카드를 넣어준다.

② 핸드폰을 껐다가 다시 켜면 된다.
(주의 사항 : 한국의 심카드를 빼놓으면 분실하는 경우가 종종있다. 모로코 심카드의 케이스를 버리지 말고 한국의 심카드를 끼워 여행 가방에 안전하게 넣어두면 잃어버리지 않는다)

Safi
Essaouira
MARRAKECH-TENSIFT-AL HAO
Agadir
Inezgane
Taroudant
Oulad Teima
Biougra
Ait Baha
Tiznit
Sidi Ifni
Lanzarote
Guelmim
Tan-Tan-Plage
Tan-Tan
GUELMIM-ES SEMARA
Tarfaya
Laâyoune
WESTERN SAHARA
Tindouf

Strait of Gibraltar
Ceuta (Spain)
Punta Almina
Tanger (Tangiers)
Isla de Alborán
SPAIN
Asilah
Tétouan
Cap des Trois Fourches
Larache
TANGER-TÉTOUAN
Chefchaouene
Al Hoceima
Melilla (Spain)
Aïn Témou
Ksar el Kebir
Ketama
Targuist
Nador
Berkane
GHARB-CHRARDA-BENI HSSEN
Midar
Driouch
Ouezzane
Souk el Arb'a du Gharb
Had Kourt
Tahar Souq
Aknoul
Saka
Oujda
Kénitra
Sidi Allal Tazi
Taounat
El Aïoun
RABAT
Sidi Kacem
TAZA-AL HOCEIMA-TAOUNAT
Taourirt

El Ksiba
Fkih Ben Salah
Beni Mellal
MEKNÈS-TAFILALET
Plaine de Tamlelt
Bou Arfa
Beni Tajjit
Rich
Aïn Ech Chaïr
Figuig
Beouh
Azilal
Errachidia
TADLA-AZILAL
Demnat
Boudnib
akech
Goulmima
Erfoud
Béchar
Boumalne Dadès
Rissani
Aït Ben Haddou
Alnif
Ouarzazate
Nekob
Tafilalet
Taouz
Agdz
Zagora
Foum Zguid
Tagounit
Mhamid
ALGERIA

MOROCCO

모로코 IN

비행기타고 모로코 IN

카사블랑카(Casablanca)

대부분의 국내선 및 국제 항공편은 카사블랑카 모하메드 V 공항에 연결되어 있다. 모로코에서 가장 큰 국제공항이기도 하지만 북아프리카에서 가장 현대적인 공항이기도 하다. 전 세계에서 모로코로 오는 거의 모든 항공은 카사블랑카로 입국하게 된다.

Royal Air Maroc(모로코 국영항공사)

카사블랑카 국제공항은 터미널1-2로 나눠지며 공항 내에는 다른 공항처럼 은행, 렌트카, ATM 교환기, shop, 카페, 약국 등이 있지만 공항 내 카페에 간단한 스낵 종류와 샌드위치를 판매하는 곳 외에는 레스토랑이 별로 없는 게 신기하다. 짐을 받아주려고 하는 포터들도 많은 데 포터를 쓸 경우 짐 당 1유로(10~20 디람(Dr) 정도를 달라고 한다.

▶취항항공사

Royal Air Maroc(모로코 국영항공사 / 모로코 항공 사이트 www.royalairmaroc.com), Air France(프랑스 파리 경유), British Air(영국 런던 경유), Iberia(스페인 마드리드 경유), Lufthanza(독일 프랑크르트 경유), Emirates(두바이 경유), Qatar Air(카타르 도하 경유), Alitalia, Turkish 등

마라케시(Marrakesh)

모로코에서 두 번째로 큰 공항은 마라케시Marrakesh 국제공항이다. 유럽의 저가항공은 마라케시로 가는 항공을 주로 이용하므로 많은 유럽 도시들과 직항으로 연결된다.

▶저가 항공사 : Easy Jet, Jet4you 등

라바트Rabat, 아가디르Agadir, 와르자자트Ouarzazate, 페스Fes 및 탕헤르Tangier 공항들도 일부 국제선을 운행한다.

입국경로

항공을 이용하면 주로 입국하는 도시는 카사블랑카의 모하메드 5세 공항이고 스

페인에서 입국한다면 탕헤르로 입국한다. 트라스미디테리아나, 이슬레나, SA, 콤마리트, 리카데트 등이 운행한다. 가장 인기 있는 노선은 알게시라스와 탕헤르 구간이다.
알게시라스-세우타, 세우타-말라가, 엘메리아-멜릴라, 말라가-멜릴라, 지브롤터-탄지에르, 카디스-탄지에르 등이 있다. 유로라인과 모로코 국영 버스 회사인 CTM은 모로코 대부분의 도시를 운행한다.

페리타고 모로코 IN

스페인 남단의 도시, 타리파Tarifa로 가서 페리를 타고 모로코로 입국할 수 있다. 그런데 타리파까지 가는 것이 쉽지는 않다. 여기서 알려주는 순서를 따라 가야 한다.

1. 스페인의 세비야로 이동한다. 세비야

   렌페 역과 세비야 버스터미널이 다르기 때문에 주의해야 한다.
2. 세비야 버스 터미널에서 타리파Tarifa로 이동하는 버스가 있다. 세비야에서 타리파로 가는 버스는 약 3시간 정도가 소요된다.

버스 : 세비야 → 타리파
페리 : 리파 → 탕헤르

스페인의 타리파Tarifa에서 모로코의 탕헤르Tangier는 페리로 국경을 넘어야 하지만 정작 이동시간은 1시간30분 정도밖에 되지 않는 거리다. 그러는 사이 페리는 지브롤터 해협Strait of Gibraltar을 건넌다. 모로코 입국 도장은 배 안에서 찍어준다. 반드시 도장을 찍어 내린 후에 입국사무소에 제출해야 한다. 승선 후에 오랜 시간 이동한다고 놀고 있다가는 어느새 모로코의 탕헤르에 도착해 있다.

모로코 입국 도장

줄을 서서 입국사무소에 제출

모로코에 도착해 입국하고 나면 모로코 택시 기사들이 호객행위를 하고 있지만 실제로 밖으로 나가서 택시를 타는 것이 바가지를 피하는 방법이다. 또한 항구에서 만나는 사람을 조심하라는 이야기를 많이 한다. 유럽에서 모로코에 오는 사람들이 모로코 사정에 어두운 것을 이용하는 사람들이 많다는 것이다.

탕헤르에서 주로 쉐프샤우엔Chefchaouen이나 라바트Rabat, 카사블랑카Casablanca로 이동하는 경우가 대부분이다. 마라케시로 가는 야간열차가 있어서 탕헤르에서 시내를 둘러보고 야간에 기차를 타고 마라케시Marrkesh로 이동하기도 하는 경우도 있기는 하다.

모로코 국내 교통

비행기

카사블랑카에서 주요 노선이 운영 중인데 대부분 국내선은 많이 이용하지는 않는다. 비즈니스 고객이 주로 이용하지만

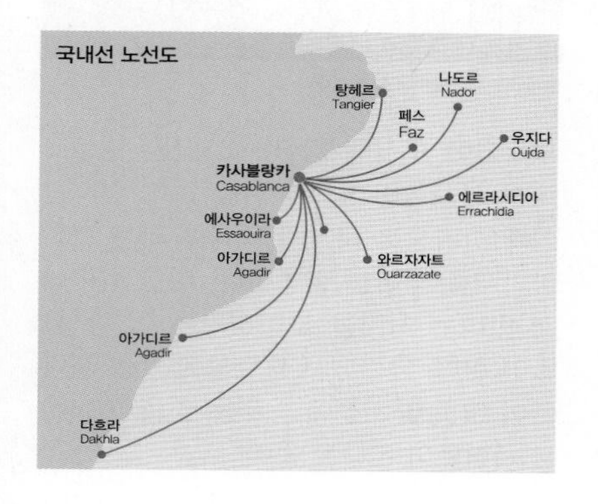

비즈니스 고객은 많지 않다. 유럽에서 마라케시로 오는 직접 오는 경우에는 마라케시와 내륙의 모로코를 여행하려고 입국한다.

버스

모로코는 국토의 면적이 넓은 국가이다. 그래서 여행 중에 도시 간 이동을 어떻게 해야 하는지가 중요하다. 기차는 모로코 전역을 운행하지 않기 때문에 기차가 운행하는 도시를 확인해야 한다.
버스는 모로코 전역을 운행하고 있어서 모로코 여행은 주로 버스를 주로 이용하게 된다.
웬만한 유명 도시는 CTM이고, 수프라 투어 버스 건 간에 다른 도시에서 살 수 있다. 예전에는 버스가 제시간에 운행을 안 하고 청결도가 떨어져서 애를 먹던 때도 있었다. 지금은 시간을 지키는 편이지만 시간이 지연된다고 화를 내지 말고 느긋한 마음으로 여행하는 것이 좋다.

▶수프라 버스

모로코 코치Coach 버스회사는 수프라Supra 버스와 CTM 버스가 있다. 수프라 버스는 모로코 철도청에서 운행하는 버

스이고 차량의 상태는 CTM 버스 보다는 수프라 버스가 좋다.

▶수프라 버스

1. 수프가 버스는 대개 표를 기차역에서도 구입할 수 있다.(대개 버스 터미널도 있지만)
2. 수프라 버스는 메르주가에서 페스까지 바로 운행을 하지만 CTM 버스는 메르주가에서 차로 30~40분 정도 떨어진 리사니Rissani에서 출발하기 때문에 수프라 투어버스를 이용하는 것이 더 편리하다.
3. 카사블랑카 버스 터미널은 보야저 기차역Voyageur train station 인근에 있다. CTM 버스 터미널은 중앙시장Marche Central 인근에 위치해 있다. 주변에 몽레브Mon Reve 호텔이 있다.
4. CTM의 경우 모로코 전역을 다 가는 고속버스이지만 수프라 버스에 비해 이용도가 떨어졌다.

▶**CTM 버스**

모로코 여행의 가장 좋은 이동 수단은 버스다. 일반 버스와 프리미엄이 붙은 CTM 버스와 수프라투어Supratours가 있는데, 여행자는 일반 버스보다 CTM 버스나 수프라버투어Supratours를 타는 것이 좋다. 주요 도시간 노선에는 CTM(국영 버스회사)에서 1, 2등급 서비스를 제공한다.

일반 버스는 사람도 많고 종종 짐을 잃어버리기도 한다. CTM 버스는 추가로 돈을 내면 짐을 관리해주기 때문에 분실할 염려가 없다. 보통 1등급 서비스를 25% 정도 비싼 가격으로 제공하지만 대부분은 1등급 서비스를 탑승한다. 일반 버스보다 비싸지만 짐에 대한 보험이라고 생각하면 마음이 편하다.

버스(www.ctm.ma) 예약하기

프랑스어로 되어 있어 당황할 수 있으나 입력하는 데에 프랑스어가 쓰이지는 않는다.

1. 홈페이지에서 출발과 도착하는 도시를 입력하고 날짜, 인원수를 입력한다.

2. 시간표와 버스요금을 보고 입력하는데 반드시 짐이 있으면 짐을 확인해야 한다.

기차

보통과 급행열차에서 1, 2등석 서비스를 제공하고 있다. 급행열차는 조금 더 빠르지만 에어컨이 있어 더 쾌적하다. 보통 열차는 저녁에만 운행하고 있다.

기차(www.oncf.ma) 예약하기

기차 예약도 버스 예약과 다르지 않다.

1. 홈페이지에서 출발과 도착하는 도시를 입력하고 날짜와 시간을 입력한다.

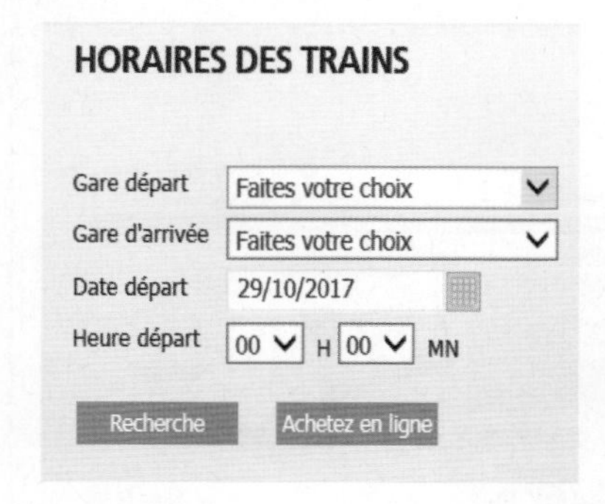

2. 시간표와 기차 요금을 보고 입력하는데 짐은 포함되어 있지 않다.

렌트카 / 오토바이

국제 운전 면허증이 있다면 렌트카를 이용하여 여행을 할 수도 있다. 모로코의 주요도로들은 도로 상태가 괜찮은 편이지만 국도는 도로 상태가 좋지 않다. 고속도로의 속도 제한은 120㎞/h이다. 국도는 100㎞/h, 시내는 40~60㎞/h이다. 도로를 운행하면서 경찰의 도로 검문이 잦아서 당황할 수도 있지만 원래 그런 것이니 당황할 필요는 없다. 검문은 반드시 응해야 하며 여권과 국제 운전면허증은 반드시 가지고 있어야 한다.

오토바이로 산간지역까지 여행을 하는 여행자들이 가끔 있는 편이다. 산간지역은 기온의 일교차가 심하여 준비를 철저히 해야 한다.

시내교통의 대한 이해

보통 대부분은 버스노선을 이용하면 된다. 하지만 밤늦게 이동하거나 급할 경우에는 택시로 이동하면 편리하다. 택시를 이용할 때는 택시 운전사가 미터기를 이용하는지 확인하여야 한다.

그랜드 택시는 많은 인원들이 이용하기에 편리하다. 6명 정도의 승객을 태우고 손님이 다 차지 않는다면 채워질 때까지 기다렸다가 출발한다. 개인적으로 인원이 많을 때 사용한다면 저렴하고 편리하게 이용할 수 있다. 탑승하기 전 미리 인원과 가격을 정해 내릴 때 불필요한 분쟁을 피하는 것이 좋다.

모로코에서 자동차로 여행하기

모로코에서는 다양한 렌터카 업체들이 영업을 하고 있다. 사전에 예약을 하면 공항에 도착하자마자 공항 내 영업소에서 차량을 빌릴 수 있다. 카사블랑카와 마라케시공항에는 렌터카 업체들이 함께 모여 있어 데스크를 열고 있다. 미리 예약을 못했다고 공항에 도착해서 각 업체에 문의를 하면 차량을 이용할 수 있다. 물론 성수기에는 예약하지 않으면 차를 빌릴 수 없거나 원하는 차량을 빌리지 못할 수도 있다. 따라서 렌터카는 출발 전에 미리 예약을 해놓는 것이 비용도 저렴하고 안전하다.

대부분 반납과 대여 장소가 다르면 안 된다.

모로코는 글로벌 업체가 아니라면 반납과 대여 장소가 동일해야 한다. 유럽에서 렌트를 하다보면 반납과 대여 장소가 달라도 추가 요금이 나오는 것을 빼면 문제가 없지만 모로코는 차량의 반납은 대부분 대여 장소에서 해야 한다. 카사블랑카로 입국했다면 카사블랑카에서 반납해야 한다.

주행거리 제한과 보험 확인은 필수

렌트를 할 때 반드시 확인해야 하는 사항이 2가지 있다. 렌트카에 주행거리 제한이 있는가와 보험적용이 되는지 여부이다. 대부분의 나라에서 주행거리 제한 여부에 따라 대여료가 달라지는 경우가 있다. 또 대인 대물만 보험에 포함되고 자차보험은 추가로 들어야 하는 경우도 있다. 따라서 가급적 주행거리 제한이 없고 보험이 모두 적용된 차량을 빌려야 만약에 발생할 t 있는 사고에 대비할 수 있다.

차량의 외관도 꼼꼼하게 확인

모로코의 현지 렌트카 업체에서 렌트를 하게 되면 차량의 외관도 꼼꼼하게 확인해야 한다. 글로벌 업체들은 약간의 흠집은 차량 반납할 때에 문제를 삼지 않는데 로컬업체들은 문제가 될 수 있기 때문에 미리 사진이나 동영상을 찍어놔야 차량반납이 쉽게 이루어질 수 있다.

로드킬(Roadkill)은 주의하자

모로코에서 운전을 하면서 밤에는 로드킬이 발생할 수 있다. 특히 아틀라스 산맥은 야생의 환경 그대로 노출되어 야생동물을 치는 로드킬은 종종 일어난다. 되도록 저녁이후에는 운전을 하지 말고 되도록 서행하면서 운전을 해야 한다.

졸리면 반드시 쉬었다가 가야 한다.

아프리카의 더운 나라인 모로코에서 렌트카로 운전을 하다보면 졸릴 때가 많다. 여행인데 괜히 무리하게 운전을 하면 안 된다. 특히 아틀라스 산맥에서 졸았다가는 사고가 나기 매우 쉽다. 졸리면 무조건 쉬었다가 가야 한다.

아틀라스 산맥은 대관령을 지나는 것보다 힘들다.

예전에 우리나라의 대관령을 지나려면 꾸불꾸불한 도로를 한참 돌아야 강원도에 도착할 수 있다. 아틀라스 산맥도 모로코의 강원도와 같아서 2,000m가 넘는 산맥을 넘어가야 한다. 운전이 힘들다면 쉬고 아틀라스 산맥의 장엄한 풍경을 감상하면 운전이 어렵지 않을 것이다.

모로코의 도시도 출, 퇴근 차량 정체가 있다.

페스나 마라케시 등의 큰 도시는 도심 내의 차량 정체가 있다. 특히 출, 퇴근 시간의 차가 꽤 막힌다. 그래서 도시로 들어갈 때는 차량 운전에 특히 조심해야 한다. 렌트카는 차량이 긁히면 보험으로 처리를 할 수 있지만 운전하는 내내 스트레스가 심해진다.

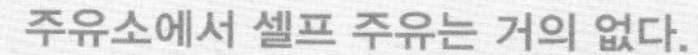

주유소에서 셀프 주유는 거의 없다.

모로코에서 주유를 하려면 아랍어를 어떻게 알고 주유를 할까? 라는 고민이 있을 수 있다. 모로코는 우리나라처럼 셀프주유는 거의 없고 주유원에게 이야기하면 주유를 해준다. 주유에 대한 고민이 해결되는 순간이다.

주유 후 신용카드사용이 안 되는 주유소가 대부분이다.

주유를 다 하고 나서 주유원에게 카드를 주었다가 카드를 다시 주는 경우도 발생한다. 현금으로 달라는 이야기에 현금이 없다면 난감해지니 미리 준비해야 한다.

차량의 기름은 미리미리 넣자!

모로코에서 주유소의 위치가 어디인지 나타나지 않는 경우가 발생한다. 이때 언어소통도 힘들어서 차량이 도로 한복판에서 멈추면 어떻게 하나? 라는 난감한 상황에 봉착할 수 있다. 차량의 주유표시판이 절반 아래로 내려가면 주유소를 들렀다가 가는 것이 좋다.

운전을 하다가 기름이 부족해 난감하다면?

길에 걸어가는 사람이나 인근의 가게에 문의해보자. 그들은 인근의 주유소를 바로 알려주기도 하고 주유소까지 데리고 가기도 한다. 그 이후에 바로 돈을 달라는 손짓을 하여 다시 당황하게 만들기도 하지만 차량이 멈추는 것보다는 나을 것이다. 또한 아틀라스 산맥이나 차량이 거의 없는 도로에 있는 상점에서 2L의 PT병에 휘발유를 팔기도 한다. 물론 기름가격이 거의 2~3배 비싸지만 멈추는 것보다 나으니 급하다면 사용할 수도 있을 것이다.

모로코 렌트카 온라인으로 예약하기

모로코를 여행할때에 렌트카 이용시 예약부터 쉬운 건 아니다. 이제 세부적으로 렌트카로 모로코를 여행하는 방법과 문제들을 살펴보자. 모로코를 여행할때 북쪽과 서쪽의 E94, E65 번 도로를 잘 이용해야 한다. 렌트카보다 중요한 것이 네비게이션을 사용하는 건데, 해외에서 쓰는 가민 네비게이션은 한국어버전이 있어 많이 사용되지만 대여료가 하루에 1만 원 이상 나온다. 여행 카페 등을 찾아보면 중고로 15만 원 정도로 구입해서 사용할 수도 있으니, 미리 네이게이션을 구입하나, 빌리나 차이는 별로 없다.

먼저 모로코 렌터카는 차량에 문제가 생겼을 때 우리나라에 전화를 하여 도움을 받을 수 있어 글로벌업체인 식스트를 정하면 조금 더 쉽게 도움을 받을 수 있다.

1. 식스트 홈페이지(www.sixt.co.kr)로 들어간다.
2. 좌측에 보면 해외예약이 있다. 해외예약을 클릭하면
3. Car Reservation에서 여행 날짜별, 장소별로 정해서 선택하고 밑의 Calculate price를 클릭한다.

4. 차량을 선택하라고 나온다. 이때 세 번째 알파벳이 'M'이면 수동이고 'A'이면 오토(자동)이다. 우리나라 사람들은 대부분 오토를 선택한다. 차량에 마우스를 대면 Select Vehicle가 나오는데 클릭을 한다.

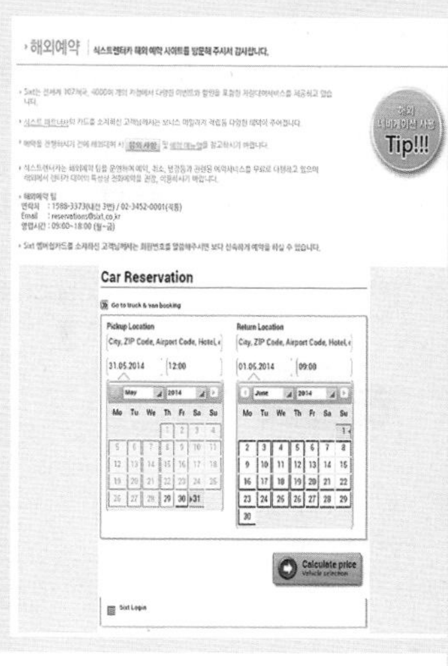

VW Golf
Saloons (CLMR)

Price per day: **KRW 103,367.35**
Total: KRW 723,571.43

Chevrolet Cruze STW
Estates (IWMR)

Price per day: **KRW 111,913.22**
Total: KRW 783,392.56

Chevrolet Trax
SUV (CFMR)

Price per day: **KRW 127,393.26**
Total: KRW 891,752.83

Dacia Duster
SUV (IFMN)

Price per day: **KRW 133,724.28**
Total: KRW 936,069.96

Premium class
Chevrolet Captiva
SUV (FFAR)

Price per day: **KRW 150,402.62**
Total: KRW 1,052,818.32

5. 차량에 대한 보험을 선택하라고 나오면 보험금액을 보고 선택을 하고 넘어간다. 이때 세 번째에 나오는 문장은 패스하면 된다.

6. 'Pay upon arrival'은 현지에서 차량을 받을 때 결재한다는 말이고, 'Pay now online'은 바로 결재한다는 말이니 본인이 원하는 대로 선택하면 된다. 이때 온라인으로 결재하면 5%정도 싸지지만 취소할때는 3일치의 렌트비를 떼고 환불을 받을 수 있다는 것도 알고 선택하자. 다 선택하면 'Accept rate and extras'를 클릭하고 넘어간다.

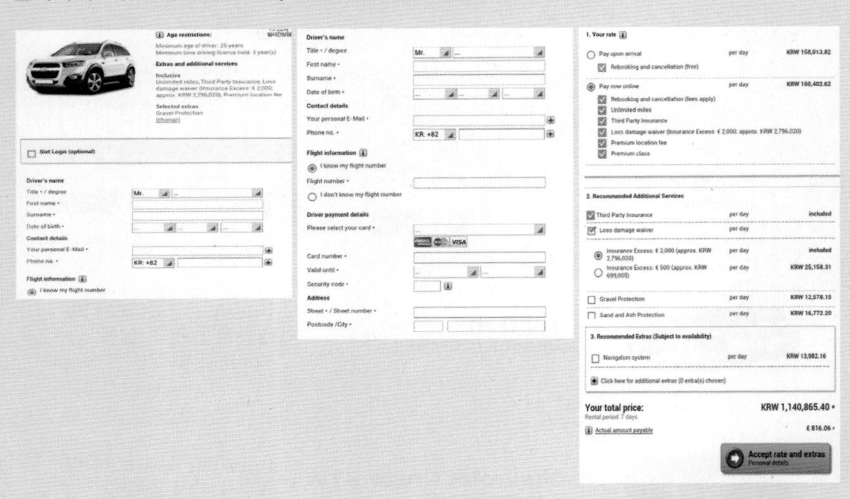

7. 세부적인 결재정보를 입력하는데 *가 나와있는 부분만 입력하고 밑의 Book now를 클릭하면 예약번호가 나온다.

8. 예약번호와 가격을 확인하고 인쇄해 가거나 예약번호를 적어가면 된다.

9. 이제 다 끝났다. 현지에서 잘 확인하고 차량을 인수하면 된다.

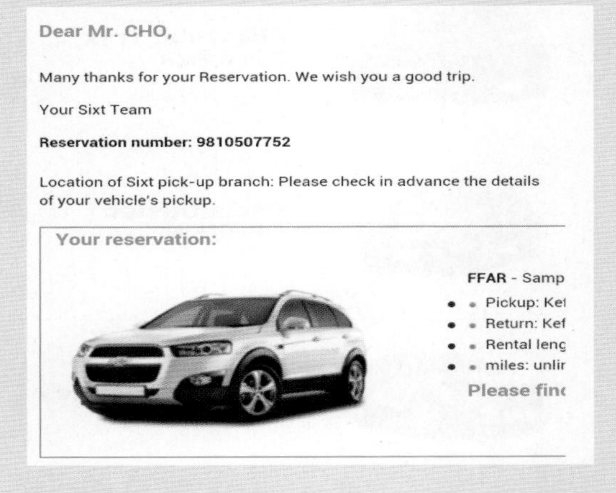

가민네비게이션 사용하기

1. 전원을 켜면 “Where To?”와 View Map의 시작화면이 보인다.

2. “Where To?”를 선택하면, 위치를 찾는 여러 방법이 뜬다.

- Address : street 이름과 번지수로 찾기 때문에, 주소를 정확히 알 때 사용
- Points of interest : 관광지, 숙소, 레스토랑 등 현 위치에서 가까운 곳 위주로 검색할 때 좋다.
- Cities : 도시를 찾을 때
- Coordinates : 위도와 경도를 알 때 사용하며 가장 정확하다.

3. 위치를 찾으면 바로 갈지(go), Favoites에 저장(save)해 놓을지를 정하면 된다. 바로 간다면 그냥 go를 눌러도 되지만, 위치를 한 번 클릭해준 후 (이때 위치 다시 확인) go를 눌러도 안내가 시작된다.
Save를 선택하면 그 위치가 다시 한 번 뜨고, 이름을 입력할 수 있다. 이 내용이 두 번째 화면의 Favorites에 저장되고, 즐겨찾기처럼 시작화면의 Favorites를 클릭하면 언제든지 확인할 수 있다.

우리나라 내비게이션과 다른 점

※전체 노선을 보기가 어렵다. 일단 길찾기를 시작하면, 화면을 옆으로 미끄러지듯 터치하면 대략의 노선을 보여주지만, 바로 근처의 노선만 확인할 수 있다.

※우리나라 내비게이션처럼 1㎞, 500m, 200m앞 좌회전. 이런 식으로 반복해서 안내하지 않으므로 대략적 노선과 길 번호 정도를 알아두면 좋다.

※Favorites를 활용하여 이미 정해진 숙소나 갈 곳은 미리 입력해 놓고(address나 coordinates를 이용), 그때 그때 cities, points of interest를 사용하여 검색하면 거의 못 찾는 것이 없다. 또 그리스 지도는 테마별로 잘 만들어져 있어서 인포메이션이나 호스텔, 렌터카 회사 등에서 지도를 구하면 지도만 보고도 운전할 수 있을 정도로 도로정비와 표지판이 정확하다. 걱정하지 말자.

Mediterranean & the East

지중해 연안 & 동부지방

RYAD

Tangier

TANGIER

모로코 최북단에 있는 탕헤르는 지브롤터 해협과 맞닿아 있어 예부터 유럽과 아프리카 대륙을 잇는 주요 거점으로 다양한 문화가 혼재한다. 탕헤르는 스페인에서 배를 타고 입국하는 여행자들이 처음으로 모로코 땅을 밟는 도시이다. 내리자마자 많은 호객꾼들이 나타난다. 탕헤르는 오랜 세월동안 지브롤터 해협의 패권을 가르는 전략적 요충지가 되어 1923년, 유럽 열강들의 타협으로 탕헤르와 주위 지역은 프랑스, 스페인, 영국, 포르투갈, 스웨덴, 네덜란드, 미국 등이 주도하는 국제 지역이 되었다. 오랫동안 에스파냐, 포르투갈, 영국, 프랑스 등 유럽 강대국들의 지배를 받아오다가 모로코가 독립하면서 되찾게 되었다.

1956년 독립에 의해 끝나기 전까지 국제 지역기간 동안 탕헤르는 게이들이 많이 살던 장소로 지중해 휴양지가 되어 예술가, 문인, 유배인들, 은행가들이 많이 살았었다. 지금은 모로코의 주요 항구 도시이며, 무역의 중심지이다. 탕헤르는 어업과 조선업, 방직업 등이 발달했고, 관광지로도 유명하다. 페스, 카사블랑카 등 주요 도시를 잇는 도로와 철도가 잘 갖추어져 있으며 국제공항도 있다.

탕헤르에서 기억할 인물, 이븐 바투타

이븐 바투타는 '도시의 불가사의와 여행의 경이를 볼 사람에게 주는 선물'이라고 짓고 아프리카, 아시아, 유럽을 여행한 기록을 정리했다. 여행기라고도 불리는 이 책은 뛰어난 역사서라는 평가뿐만 아니라 주옥같은 문장들로 세계 문학의 걸작으로 평가받고 있다.

탕헤르는 이븐 바투타가 태어난 도시로 여행기에서 호기심 많은 청년이 고향인 탕헤르를 떠나는 장면에서 시작이 된다.

이슬람권의 거의 전 지역과 중국에 이르기까지 약 12만㎞에 이르는 긴 여행을 기록한 여행기를 남겼다. 또한 이슬람 지역들의 다양한 사회, 문화, 정치 등 많은 부분을 알려 주는 중요한 기록이다. 이 책에는 여러 나라 사람들의 생활 모습에 흥미를 가진 세밀한 관찰자로서 작가의 경험이 잘 표현되어 있다.

탕헤르 IN

스페인의 타리파Tarifa에서 배로 1시간이면 갈 수 있어 스페인과 모로코를 오가는 여행자들이 많다. 타리파에서 탕헤르를 오가는 페리는 2개 회사가 운영하고 있다.

시간이 멈춘 메디나
Medina

1947년 4월 9일 광장은 메디나로 통하는 장소로, 흰색 성문을 통과하면 광장과 전혀 다른 클래식한 아랍 세상이 펼쳐진다.

위치_ 탕헤르 광장 오른쪽

마치 현대에서 중세로 순간 이동을 한 것 같다. 좁은 골목 사이로 상인들이 좌판을 펼치고 있고, 작고 빽빽한 매장에서

메디나 지도

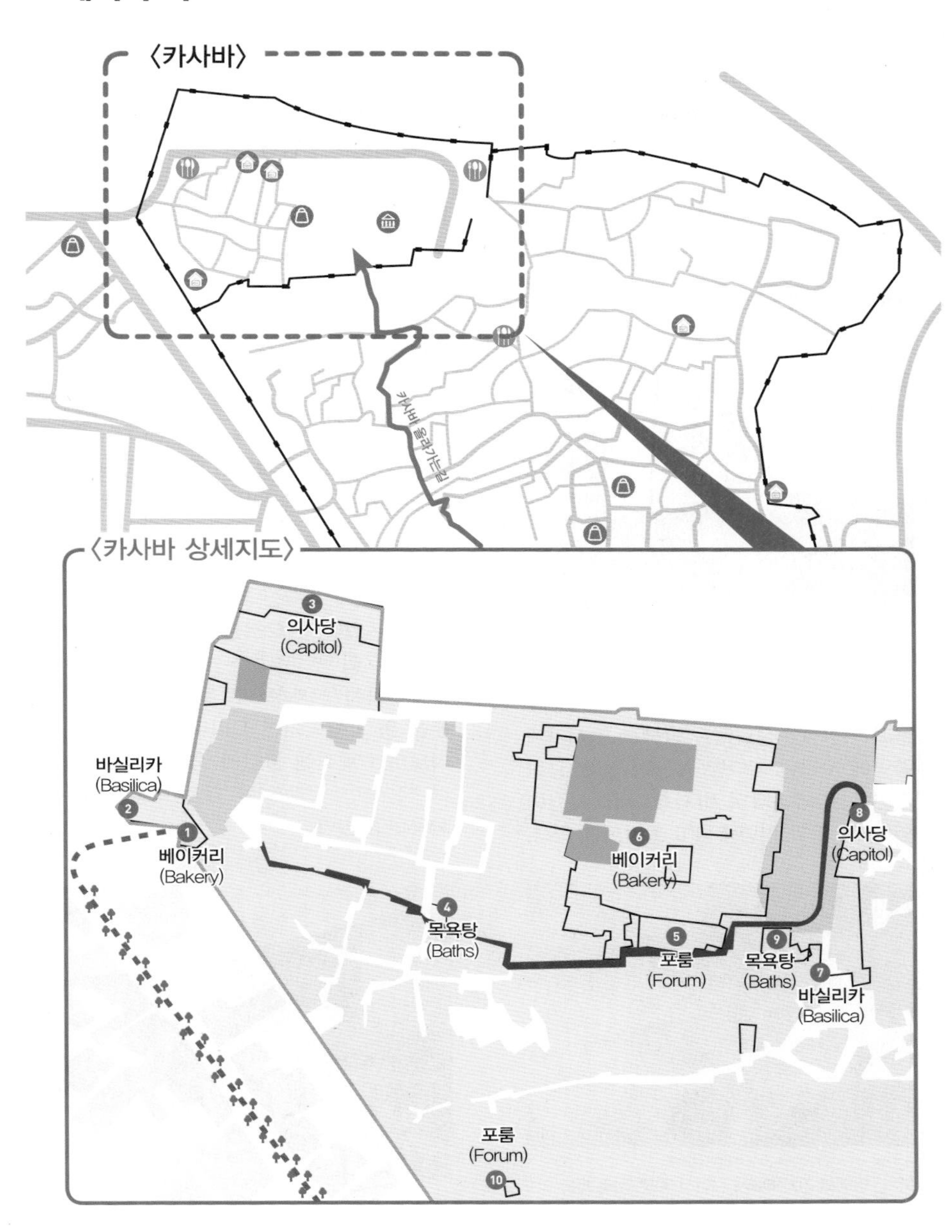

〈카사바〉
카사바 올라가는길
〈카사바 상세지도〉
3 의사당 (Capitol)
바실리카 (Basilica) 2
1 베이커리 (Bakery)
4 목욕탕 (Baths)
6 베이커리 (Bakery)
5 포룸 (Forum)
8 의사당 (Capitol)
9 목욕탕 (Baths)
7 바실리카 (Basilica)
포룸 (Forum) 10

는 상인들이 여행자를 호객하는 소리가 들린다.
다른 도시의 메디나와 비슷하지만 고즈넉한 항구의 분위기가 느껴져 묘한 느낌을 준다. 이국적인 풍경 때문에 영화 '007 스펙터'에 등장하기도 했다.

1947년 4월 9일 광장
1947, April 9 Square

1947년 4월 9일은 모하메드 5세가 최초로 모로코 독립을 선언한 날로, 오르막길을 올라가는 중간정도에는 탕헤르 구시가지 중앙에 자리한 커다란 광장이 있다. 광장 주변에는 메디나의 바자르, 재래시장이 있다. 금 등과 기념품점이 둘러싸고 있다.

위치_ 탕헤르 기차역에서 걸어서 30분, 차로 15분

광장 위쪽에 1880년에 지어진 스페인풍의 콘셉시온 인마쿨라다 성당Concepcion Inmaculada Cathedral이 있다.
탕헤르에서 가장 번화한 다운타운답게 수준 높은 레스토랑과 카페들을 볼 수 있다. 평화로운 광장을 바라보며 해질 때 모로코 커피인 누스누스를 맛보는 것도 좋은 추억이 될것이다.

구시가의 쁘띠 소코
Petit Socco

카페와 식당으로 가득한 탕헤르의 여행 중심지이다. 국제 지역 기간에는 범죄가 많았던 도시로 지금도 밤에는 그 분위기를 느낄 수 있다. 북쪽으로 시내에서 가장 높은 장소에 세워진 카스바Kasbah까지 이동할 수 있다. 안으로는 구시가의 루 벤 라이소우리Rue Ben Raissouli의 끝에 있는 밥 엘 아사Bab el Assa로 들어갈 수 있다. 문을 통해 들어가면 커다란 개방 정원이 나오며 17세기에 술탄의 궁이던 다르 엘 마크젠Dar el Makhzen은 현재 박물관으로 사용하고 있다.

미국 공사관 박물관
American Legation Museum

오래된 예쁜 건물로 모로코를 주제로 한 17세기~20세기까지의 회화와 판화 작품을 수집해 놓았다. 매일 무료로 입장이 가능하며 문이 닫혀 있을 때에는 문을 두드려서 닫혔는지 확인해 보자. 대부분은 입장이 가능하다.

헤라클레스 동굴
Hercules Cave

예부터 유럽과 아프리카가 붙어 있었으나 헤라클레스가 엄청난 힘으로 떼어버리고 돌을 하나 던졌다. 이 돌에 의해 생긴 구멍이 이곳의 헤라클레스 동굴이라고 전설로 알려지고 있다. 좁고 낮은 동굴을 한참을 지나면 빛이 나온다. 이 동굴은 아프리카대륙을 나타내는데 아프리카대륙이 바로 보인다고 하는 사람과 아프리카대륙이 거꾸로 되어 있다고 하는 사람도 있다. 아무튼 아프리카 대륙을 나타내는 동굴은 맞다.

카스바
Kasbah

카스바 입구

지브롤터 해협을 보고 싶다면 메디나 언덕에 자리한 구시가지인 '카스바'로 가자. 메디나는 옛 도시 전체를 가리키는 단어이고 카스바는 메디나 안의 성채가 있는 구 시가지를 가리키는 단어이다. 그러므로 카스바는 전망 좋은 높은 언덕에 자리해 항구와 지브롤터 해협을 한눈에 볼 수 있다.
이국적 풍경의 사진을 찍고 싶다면 낡고 허물어져 가는 집들이 가득 차있는 뒷골목을 찾아가야 한다. 좁은 골목을 따라 카스바의 골목을 따라가면 갈수록 시간이 멈춘 풍경을 볼 수 있다.

카스바에서 바라본 탕헤르 풍경

SLEEPING

구시가의 쁘띠 소코Petit Socco지역은 저렴한 호텔이 많지만 시설이 대부분 좋지 않다. 어떤 호텔은 뜨거운 샤워가 불가능한 곳도 있다. 호텔은 신시가에 있는 호텔을 이용하는 것이 좋다.

탕헤르에서 다녀올 수 있는 1일투어

쉐프샤우엔 | Chefchaouen

돌아가는 도시로 좀 멀다고 할 수도 있지만 1일 투어로 다녀올 수 있는 도시이다. 하지만 탕헤르에서 투어로 다녀오는 경우는 많지 않다. 쉐프샤우엔은 산위에 있는 작은 마을이다. 멀리서 보면 특색이 없지만 안으로 가면 파란색의 테마를 가진 모습으로 확 달라진다.

골목마다 짙은 파란색을 볼 수 있고 심지어 택시도 파란색이다. 도시만으로 한정한다면 쉐프샤우엔이 예쁘고 아기자기해 여성들이 가장 좋아하는 도시이다. 세우타와도 멀지 않아서 당일치기로 왔다 갈 수도 있다.

테투안 | Tetouan

모로코의 지중해 연안에서 조금 내륙으로 들어가 있는 도시인 테투안은 성곽으로 둘러싸인 생각보다 규모가 큰 도시다.

한때는 해적의 본거지였으며 20세기 초반에는 스페인이 점령하기도 했다. 그래서인지 아랍어와 프랑스, 스페인어가 혼용해서 쓰인다. 좁은 성곽 안의 길에는 지중해 햇살을 가득 품은 야채와 과일, 홉스를 비롯한 물품들이 가득하다.

곡물 가게에는 그득한 온갖 종류의 곡식들이 풍성하게 채워져 있다. 더 안으로 들어가면 골목 안쪽으로 많은 부엌용품과 카페트 등이 경연하듯이 채우고 있다. 반나절이면 다 둘러볼 수 있어 탕헤르에서 당일투어로 다녀오기 좋은 도시이다.

세우타 | Ceuta

세우타는 스페인어로 'CEUTA', 아랍어로는 'SEBTA'로 표기한다. 테투안에서 세우타는 1시간도 채 걸리지 않는다.

모로코 마트 이용

모로코에는 프랑스 자본이 유통시장을 장악하고 있다. 대형마트인 카르푸(Carrefour)가 대부분의 도시에 위치하여 필요하다면 카르푸(Carrefour)를 활용하는 것이 좋다. 카르푸(Carrefour)를 가보면 우리나라의 대형마트와 비교해보면 차이가 거의 없다. 다만 24시간 판매하는 편의점이나 늦게까지 운영하는 슈퍼는 없기 때문에 밤에 무엇인가를 구입하고 싶은 물품이나 먹거리가 필요하다면 저녁에 미리 구입을 해두어야 한다.

대한민국 대부분의 관광객이 관심이 있는 쇼핑은 마트에서 구입할 물품은 없다. 가죽제품이나 오르간 오일 등은 전문점이 따로 있어서 그곳에서 현금이나 카드(카드를 꺼려하는 경우가 많음)로 구입해야 한다.

탕헤르에서 다녀올 수 있는 1일 투어

탕헤르Tangier에서 31㎞ 정도 떨어진 대서양 연안의 아실라Assiliah는 모로코 북서부 연안에 위치한 도시로 행정 구역상으로 탕헤르, 테투안 지방에 속한다. 탕헤르에서 1일 투어로 다녀올 수 있는데, 우리나라의 패키지 여행상품에서 빼놓지 않고 온다.

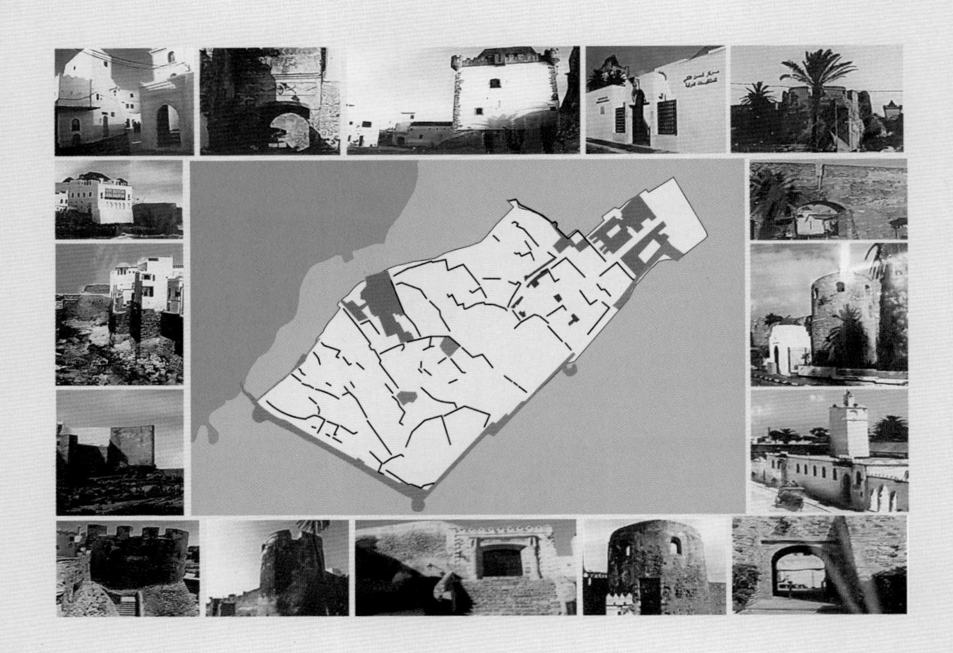

아실라 메디나

About 이슬람교

우리는 역사적으로 불교를 고려시대까지 국교로 삼고 믿었고, 조선시대에는 유교를, 조선 말에 크리스트교가 전해져 지금은 우리의 삶에 많은 영향을 미치고 있다. 하지만 이슬람교에 대한 지식은 거의 전무하다. 그런데 이슬람교를 믿는 국가들을 여행할 때에 이슬람교에 대한 기초적인 지식은 여행에 필수적이다. 이슬람교에 대한 이해가 부족해 현지인과 마찰이 생기기도 하며, 위험에 빠지기도 한다.

이슬람교는 전 세계에 분포되어 있는 종교로 특히 인도네시아에 세계에서 가장 많은 수의 이슬람 인구가 살고 있다. 우리와 가까운 중국에도 약 4,000만 명 이상의 사람들이 이슬람교를 믿고 있다. 우리나라에도 7개 지역에 이슬람 사원인 모스크가 세워져 있다. 그렇지만 이슬람교는 여전히 우리에게 낯설게 느껴진다.

무함마드가 창시한 이슬람교

이슬람교는 '스스로 순종하다'라는 뜻으로 이슬람교는 유일신 알라의 뜻에 순종하는 종교라는 의미이다. 570년 아라비아 반도의 메카에서 태어난 무함마드에 의해 성립된 종교로 무함마드는 대천사 가브리엘을 통해 신에게 계시를 받았다. 그는 신의 계시를 근거로 612년 유일신 알라에 대한 신앙을 강조하고 최후의 심판과 죽은 자의 부활이 가까워졌다는 가르침을 전하기 시작했다.
당시 메카 사람들은 이러한 가르침을 받아들이지 않았다. 그들은 무함마드와 그의 추종자들을 탄압하고 메카에서 추방당했다. 이에 622년 9월에 무함마드는 추종자들과 함께 메카를 떠나 메디나로 간다. 메디나에서 무함마드는 종교 지도자이면서 동시에 정치 지도자로

서 자리를 잡는다. 메디나에서 이슬람 공동체인 움마가 탄생했다. 움마는 당시 사람들을 묶어 주던 씨족 간, 부족 간의 관계를 뛰어 넘어 신앙심과 형제애로 모인 종교적 공동체를 의미한다. 아울러 이슬람교의 믿음과 의례의 기본 틀이 정립되었다.

한편 그때까지도 적대적이었던 메카와 여러 번 전투 끝에 승리한 무함마드는 드디어 630년 메카를 점령했다. 메카를 정복한 무함마드는 카바 신전에 모셔져 있던 360개으 우상을 파괴하여 신전을 정화한 다음 알라의 신전으로 정했다.

그 후 무함마드는 632년 메카로 돌아온 그는 3개월이 채 못 되어 병으로 숨을 거두었다. 그 후 이슬람교는 무함마드의 뒤를 이은 지도자들에 의해 주변의 여러 나라로 확산되어 갔다. 이라크와 시리아, 팔레스타인 전 지역, 이집트와 북아프리카, 유럽의 이베리아 반도, 페르시아까지 확대되었다.

한편 1526년에 인도 대륙에 이슬람 무굴 제국이 세워졌다. 무굴 제국은 17세기에 이르면서 인도 대륙을 통일할 정도로 강해진다. 그러나 시간이 흐르면서 대표적 이슬람 제국인 오스만 제국과 무굴 제국이 쇠퇴했다. 서구 세력의 팽창으로 인한 서구 문화의 침투와 이슬람 세력의 쇠퇴에 대응하기 위해 이슬람 세계에서 여러 개혁 운동이 일어났다. 그중 하나가 이슬람 본래의 모습을 되찾고자 하는 '복고주의 운동'이다. 이런 개혁 운동을 통해 이슬람교는 굳건히 세력을 지킬 수가 있었다.

현대에 들어와서 이슬람교는 근대 이전에 전파되었던 서남 아시아, 아프리카, 아시아의 여러 지역 외에 서유럽과 아메리카 대륙, 호주, 뉴질랜드는 물론 우리나라와 일본에도 전파되어 전 세계에 퍼져 있다.

이슬람교의 다섯 기둥

이슬람교의 신앙생활에서 가장 중요한 것은 5가지의 실천이다. 이를 신앙의 5가지 기둥이라고 말하기도 한다.

1. 바로 신앙 고백이다.

"알라 이외의 다른 신은 없고 무함마드는 알라의 사도이다"라고 말라는 것이다. 누구나 이 신앙 고백을 하면 이슬람교도가 된다고 한다. 그리고 이슬람교도들은 예배 때나 일상생활에서 이 신앙 고백을 수없이 되풀이한다.

2. 알라에 대한 예배이다.

이슬람교도들은 매일 하루에 5번 하던 일을 멈추고 메카를 향해 절을 하면서 예배를 드린다. 예배를 올리기 전에는 손과 발, 얼굴을 씻어야 한다. 1주일에 한 번 금요일 정오에는 모스크에 모여서 예배를 드린다. 오늘날 대부분의 이슬람 국가에서는 금요일을 휴일로 하고 있다.

3. 희사이다.

이슬람교도들은 재산의 소유권은 자신들에게 있다고 생각하지 않는다. 그들은 재산은 신의 뜻을 펴기 위해 신에게 위탁 받은 것으로 여기고 있다. 그리고 자기가 갖고 있는 일부 재산을 남에게 희사하면 나머지 재산은 정화된다고 믿는다.

4. 단식이다.

단식 기간은 이슬람 달력으로 9월인 라마단 달이다. 라마단 달은 무함마드가 '쿠란'의 계시를 처음으로 받은 달이며, 예언자의 군대가 메카의 적에 대해 첫 승리를 거둔 달이기도 하다. 이슬람 달력은 음력이어서 태양력을 기준으로 보면, 라마단 달은 일 년 중 어느 계절이나 해당될 수 있다.

라마단 달이 되면, 해가 떠서 질 때까지 아무 것도 먹을 수 없다. 음식이나 음료수, 술은 물론이고 담배도 피워서는 안 된다. 그러나 해가 진 후부터 다시 뜰 때까지는 정상적인 생활을 할 수 있다. 라마단 달의 금식은 의무이지만, 어린이, 병자나 노약자, 여행자, 임산부와 젖먹이 아기가 있는 여성은 단식을 하지 않아도 된다.

5. 메카 순례

이슬람교도는 건강과 경제 사정이 허락하는 한 일생에 한 번은 메카로 순례를 해야 할 의무가 있다. 순례자는 메카의 카바 주위를 돌고, 검은 돌에 입을 맞추며, 잠잠이라는 옹달샘의 물을 마시고, 신전 밖의 두 언덕을 오가며, 아라파트 평원에 모이고, 양을 희생으로 바치는 등의 일정한 의식을 거친다. 이러한 순례를 통해 여러 지역에서 온 순례자들은 같은 이슬람교도로서 형제애와 유대감을 경험하게 된다. 메카 순례를 통해 전 세계 이슬람교도들이 하나로 묶여지는 것이다.

Chefchaouen

쉐프샤우엔

CHEFCHAOUEN

모로코 북서부 산 중턱에 있는 리프Rif 산맥의 푸르고 하얀 아기자기한 예쁜 마을은 예전에는 쉐우엔(스페인어로 'Xauen')으로 불리던 마을로 여행자들에게 인기 있는 곳이다. 건물과 골목이 온통 파란색으로 칠해진 것이 특징인데 모로코의 산토리니로 불리는 도시로, 스페인의 하얀 마을인 '미하스'와도 비슷하다. 모로코 북쪽 리프 산맥 중턱에 자리한 고대 도시. 쉐프샤우엔은 현재 모로코의 대표 관광지로 유명하지만, 19세기까지만 해도 외부의 출입이 제한된 요새 도시였다.

왜 파란색의 마을이 생겨났을까?

쉐프샤우엔이 조성된 건 15세기 말, 스페인의 국토회복운동을 피해 리프 산맥에 정착했던 이슬람세력에 의해서였다. 그 후에 종교박해를 피해 온 유대인들이 지금의 쉐프샤우엔처럼 만들었다. 유대인들은 신에게 감사하는 의미로 집의 외관을 하늘을 상징하는 파란색으로 칠했는데, 기도할 때 사용하는 어깨걸이(Shawl)까지 파란색으로 칠했다. 1471년, 물레이 알리 벤 라치드(Moulay Ali ben Rachid)에 의해 세워진 이후 스페인에서 이슬람 인들을 쫓아낸 후 무어인들인 피난을 오면서 번성하게 되었다.

비록 500년이 지난 지금 쉐프샤우엔에 유대인은 거의 남아 있지 않지만, 아직도 집들은 그들의 전통을 따라 파란색을 띠고 있다. 페스나 마라케시에 비해 도시의 역사는 길지 않지만, 특유의 동화 같은 풍경이 시선을 사로잡는다. 그들은 이 마을에 하얀 칠을 한 집과 같은 독특한 스페인풍의 풍경을 주었지만 이 마을을 유명하게 만든 파란 색 빛깔은 1930년대에 시작된 것으로 그 전에는 문이나 창문틀이 전통적인 이슬람의 녹색으로 칠해져 있었다고 한다.

쉐프샤우엔 둘러보기

주요도로인 하산 2세 도로Ave Hassen 2를 중심으로 오래된 구시가에 관광지가 몰려 있다. 막다른 골목에는 옷을 짜는 베틀이 가끔 보이기도 하지만 이제는 사라졌다. 15세기 카스바와 모스크로 덮여 있는 그늘진 자갈 광장인 플라자 우타 엘 함맘Plaza Uta el-Hammam 둘러싸고 분위기 있는 카페들이 몰려 있다.

신시가지의 활기찬 모습은 시장에서 볼수있다. 마을을 둘러싼 산들은 잘 정비된 등산로가 있어 쉐프샤우엔의 전체모습을 풍경에 담을 수 있다.

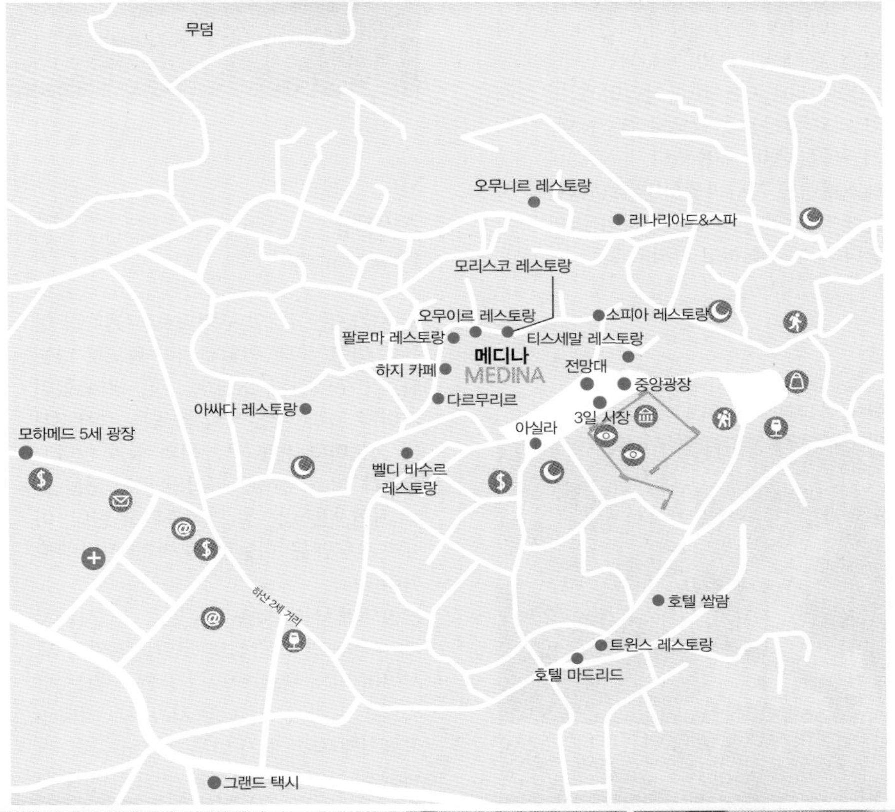
무덤
오무니르 레스토랑
리나리아드&스파
모리스코 레스토랑
오무이르 레스토랑
소피아 레스토랑
팔로마 레스토랑
티스세말 레스토랑
메디나
MEDINA
하지 카페
전망대
중앙광장
다르무리르
아싸다 레스토랑
3일 시장
아실라
모하메드 5세 광장
벨디 바수르
레스토랑
하산 2세 거리
호텔 쌀람
트윈스 레스토랑
호텔 마드리드
그랜드 택시

중앙 광장
Plaza Uta el-Hammam

쉐프샤우엔 여행의 시작점으로 광장으로 가는 길은 좁은 파란골목을 따라 약 15분을 걸어가면 중앙광장이 나온다. 중앙광장인 우타 엘 함맘Place Auta Hammam은 1400년대에 지은 비둘기집이 있는 성채가 있고 광장을 중심으로 레스토랑, 카페, 기념품점 등이 모여 있다.
레스토랑을 지나가려하면 호객행위를 하는데 다들 자신의 레스토랑이 음식 맛이 좋다며 식사를 하고 가라고 한다.

위치_ 버스터미널에서 차로 10분

전망대
Observatory

구 시가지는 4개의 구역으로 나뉜다고 하는데 아랍, 유대, 안달루시아 등으로 나뉜다. 각 구역마다 조금씩 다른 색의 집이 지어져 있다. 푸른색의 골목은 각자 3개월 정도마다 새로 푸른색의 칠을 한다고 하는데 이 푸른색은 파리와 모기 등을 쫓고 하얀색은 더위를 막아준다고 한다. 이 쉐프샤우엔을 한눈에 보려면 전망대로 가야 한다.
전망대에서 본 쉐프샤우엔은 온 시가지가 푸른색과 하얀색의 코발트빛깔의 도시이며 마치 동화속의 한 장면과 같은 분위기를 느낄 수 있고 온 시가지가 하나의 작품처럼 사진 찍기 너무 좋은 곳이다. 한적하게 구경하며 사진을 찍으려면 오전이 좋다.
파란 마을을 한눈에 볼 수 있는 전망대는 큰길을 따라 왼쪽의 오르막길로 향하면 전망대로 이어지는 다리가 나온다. 다리에서 약 20분정도 올라가면 쉐프샤우엔 전망대이 나온다. 전망대 한쪽에 작은 교회가 있고 반대쪽에 쉐프샤우엔 전체 풍

경을 볼 수 있다.(오른쪽의 오르막길에서 내려오면 메디나 중앙 광장이 나온다)

골목
Alley

온통 파란색 구름이 보이는 쉐프샤우엔은 특별한 관광지는 없다. 조그만 마을 전체가 바로 관광지이기 때문에 많은 골목과 계단을 천천히 걷는 것이 가장 좋은 여행방법이다. 계단과 길을 따라 집들이 온통 파란 물결을 만들고 마을 전체가 파란색 물감을 뿌려 놓은 듯해 어디에서 찍어도 그대로 멋진 사진이 된다.
시계 방향으로 돌아가면 관광객들과 이동방법이 반대라 사진 촬영을 잘 몰라서 사진을 찍기에 편리하다.

3일 시장
Three days maket

쉐프샤우엔의 메디나 광장을 기준으로 골목마다 3일을 주기로 시장이 열린다. 우리나라의 옛 분위기같은 좌판을 펼쳐 놓고 상인들과 사이를 오가는 관광객들로 좁은 골목길이 북적거릴 것이다. 여행자의 마음은 각종 상품보다는 먹을거리에 관심이 높다. 오렌지 1㎏이 4디람(약 500원), 딸기, 파인애플, 꼬치 등도 저렴한 가격으로 먹을 수 있다. 대부분의 상인은 사진 찍히는 것을 꺼린다.

EATING

카페
The cafe

광장의 택시 정거장 앞에 있는 카페로 왼쪽 옆에 음료수 냉장고 두개 있는 가게 안으로 들어가면 입구에 아보카도 등 각종 과일을 넣어 컵으로 판매를 한다.

금액_ 작은 컵(10디람), 큰 컵(15디람)

밥 수르 레스토랑
Restaurant Beldi Bab Ssour

모로코에서 우리나라 여행자에게 가장 인기가 많은 레스토랑일 정도로 한국인 관광객도 많이 찾는데 착한 가격도 한몫을 한다. 모로코 전통요리부터 치즈 오믈렛도 주문이 가능하다. 주로 쉬림프 타진과 비프 타진을 주로 주문한다.

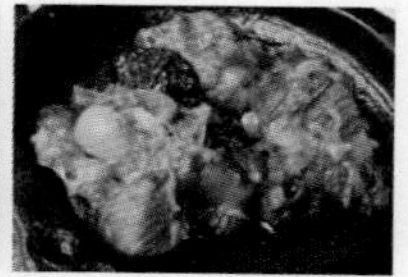

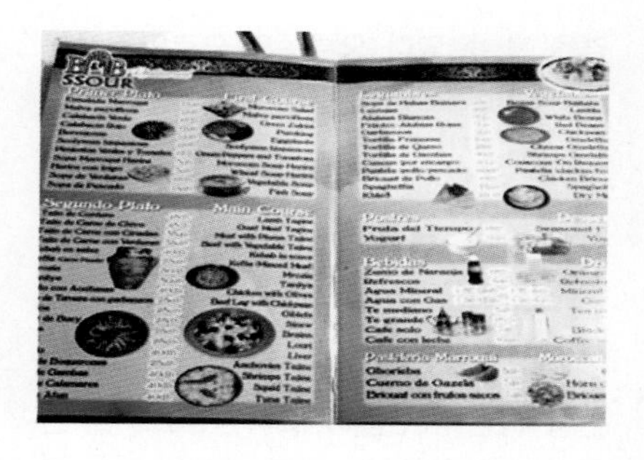

주소_ No 5 Rue El Kharrazin, Chefchaouen
영업시간_ 12~22시
전화번호_ +212 660-261128

소피아 카페&레스토랑
Cafe Restaurant Sofia

모로코 전통요리를 유럽인들의 입맛에 맞게 만들어내는 레스토랑으로 유럽 관광객의 전폭적인 지지를 받고 있다. 타진도 향신료의 냄새가 많이 나지 않는다. 특히 모로코식 커피와 빵이 정말 맛이 좋아 인기를 끌고 있다.

주소_ Place Outa Hammam Khadarine Escalier Roumani, Chefchaouen
영업시간_ 12:15~22:30
전화번호_ +212 671-286649

피자리아 만다라
Pizzeria Mandala

이탈리아음식을 전문으로 하는 레스토랑으로 유럽 관광객이 주 고객이다. 피자와 파스타가 주요리 인데 우리 입맛에는 조금 짠 느낌이다. 모로코에서 이탈리아요리를 맛볼 수 있다는 사실이 찾게 만든다. 크림 파스타와 새우 파스타가 덜 짜서 한국인의 입맛에 맞을 가능성이 높다. 특히 후식으로 나오는 아이스크림이 가장 맛있다는 반응이 많다.

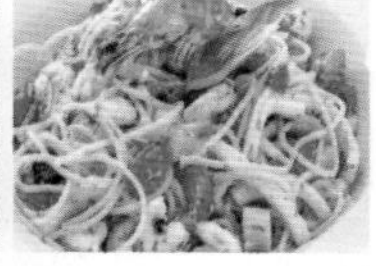

주소_ Avenue Hassan 2 Angulo Sebain, Chefchaouen
영업시간_ 12~24시
전화번호_ +212 5398-82808

신드바드
Sindibad

우리나라 관광객이 좋아하는 또 하나의 모로코 음식점이다. 향신료가 강하지 않아 패키지 여행상품에서도 선택하는 식당으로 맛은 중간정도의 규격화된 음식을 선보인다. 서비스도 나쁘지 않아 우리나라의 나이 드신 관광객도 만족한다. 타진보다는 치킨을 주문하는 것이 더 좋다. 타진은 양이 많으니 2인이라면 1명만 주문하고 다른 메뉴로 주문하는 것이 좋다.

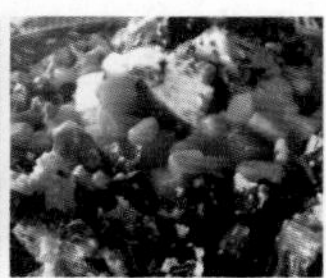

주소_ Rue Ibn Askar, Chefchaouen
영업시간_ 09:30~새벽 01시
전화번호_ +212 5399-89183

SLEEPING

저렴한 호텔들은 구시가에 몰려있다. 언덕 쪽으로 숙소들이 몰려 있다. 마을에서 가파른 길을 30분정도 걸어야 한다.

펜션 라 카스텔라나
Pension La Castellana

우타 엘 함맘Plaza Uta el-Hammam 바로 앞에 있는 호텔로 오래전부터 잘 정비된 호텔로 이름이 높다. 더운 물도 잘 나온다.

주소_ 4 Ahmed el-Bouhali
전화번호_ 986295

호텔 마우리타니아
Pension Mauritania

깨끗하고 밝은 분위기로 인정받은 호텔이다. 더운 물도 잘 나온다.

다르 잠브라
Dar Zambra

가격도 저렴하고 직원들의 친절하여 자유여행자들에게 인기가 있는 호텔이다. 처음에는 언덕에 있어 멀다고 생각하지만 그렇게 멀지 않으나 짐이 무겁다면 택시를 타고 올라가서 입구에서 내리는 것이 편리하다. 테라스에서 보는 전망이 일품이고 저렴한 호텔로는 상당히 깨끗한 편이지만 방마다 청결도는 조금 차이가 있다. 조식을 배부르게 먹을 수 있다는 점도 장점이다.

주소_ 13 Fahfouh Av Andalusi-Ancienne Medina, Chefchaouen, 91000
요금_ 더블룸 27유로~
전화번호_ +212 5398-82662

다르 엘리오
Dar Elrio

호스텔과 호텔의 기능을 동시에 가지고 있는 숙소로 큰 길가 옆에 있어 찾기도 쉽고, 한국인 스텝(매번 있는 것은 아님)이 있어서 도움을 받을 수 있다고 하여 많이 찾는다.
호스텔로는 상당히 청결하고 테라스에서 아름다운 전경과 조식을 풍부하게 먹을 수 있다. 4인실 도미토리가 가장 인기가 많다. 다만 더블룸은 다른 숙소에 비해 비싼 편이라 추천하지 않는다.

주소_ Avenue Sidi Ahmed Elouafi, Sebanin,23 91000 Chefchaouen
요금_ 도미토리 15유로~ 더블룸 55유로~
전화번호_ +212 5398-82403

다르 메지아나
Dar Meziana

모로코 전통 리아드를 개조한 개인이 운영하는 숙소로 메디나 입구에서 가까워 여행자들이 선호한다. 시설은 깔끔하고 편안하게 잘 갖춰져 있어 부부나 연인이 이용하면 좋다. 버스시간표도 알아봐주고 원한다면 택시도 불러주어 상당히 편하게 여행이 가능하도록 도와준다.

주소_ Derb Zaghdoud, N°7, Bab Souk, 91000 Chefchaouen
요금_ 더블룸 50유로~
전화번호_ +212 5399-87806

카사 안나스르
Casa Annasr

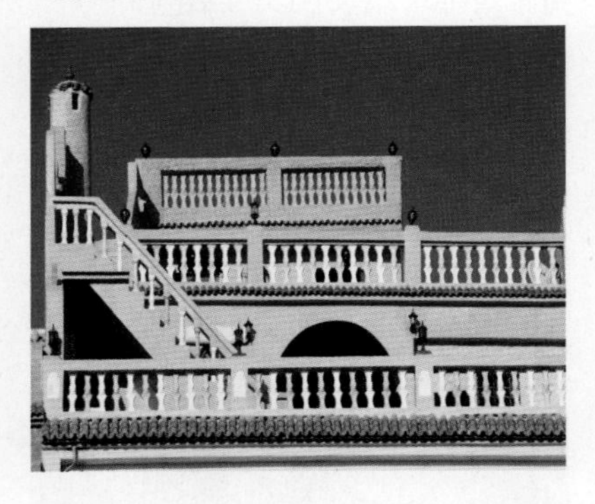

버스터미널 앞에 있어서 늦게 도착하면 이용하기 편리한 숙소이다. 조식이 풍족하지 못하고 내부는 넓지 않지만 이용하는 데는 문제가 없으며 냉장고가 있어 여름에 특히 이용하면 좋다. 직원이 영어가 가능하고 친절해 질문을 하기에 편하여 마음이 안정적으로 된다.

주소_ La Gare Routiere Av. Maghreb Arabi, 91004 Chefchaouen
요금_ 이코노미 더블룸 60유로~
전화번호_ +212 672-651809

쉐프샤우엔 OUT

쉐프샤우엔에서 탕헤르나 페스, 카사블랑카로 이동한다. 버스시간이 자주 있는 것이 아니라서 도착하는 당일에 미리 버스 시간을 알아보고 미리 버스표를 구입해 놓아야 한다.

쉐프샤우엔에서 숙소 잘 찾는 방법

쉐프샤우엔은 작은 도시이기 때문에 숙소의 위치가 중요하지는 않다. 다만 산지에 위치한 도시의 특징상 언덕 높이에 있는 전통가옥을 개조한 리야드는 짐을 가지고 이동하기가 힘들기 때문에 숙소까지 어떻게 이동할 수 있는지 확인하는 것이 가장 중요한 사항이다.

Middle Atlas

미들 아틀라스

MIDDLE ATLAS

아틀라스산맥은 동쪽으로는 튀니지에서 테베사 · 메드제르다 산맥과 만나며, 서쪽으로는 모로코에서 미들아틀라스와 하이아틀라스의 높고 험한 봉우리들이 길게 뻗어 있는 습곡지대로 이어진다. 안티아틀라스는 하이아틀라스에서부터 남서쪽으로 대서양까지 뻗어있다.
눈 덮인 아틀라스 산맥이 모로코의 전역에 뻗어있어 자연스럽게 국경을 나누게 되어 모로코에서는 중요한 장소가 아틀라스 산맥이다. 최고봉인 4,167m의 투브칼 산을 정점으로 모로코, 알제리, 튀니지에 걸쳐 있고 남쪽으로는 사하라 사막과 인접한 산맥이다. 평균 높이 3,300m에 이르는 하이 아틀라스 산맥이 모로코를 중심으로 뻗어 나가고 북쪽에 미들 아틀라스 산맥이 있고 남쪽에 안티 아틀라스 산맥을 이루고 있다.
오래전부터 유럽인들에게 잘 알려져 있는 산맥으로 그리스 신화에 그리스 신화에서는 '아틀라스의 향토'라고도 불렀다. 예전에 유럽인들은 거대한 아틀라스 산맥을 보고 하늘을 떠받치고 있는 모습을 상상하여 아틀라스라는 신화를 만들어냈다고 한다. 눈 덮인 아틀라스 산맥을 보면 자연의 위대함이 다시 한 번 느껴진다.
수천 년 동안 베르베르족이 혹서혹한의 혹독한 기후에도 불구하고 농업에 종사하며 자신의 언어와 전통 및 신앙을 지키면서 살아가고 있다. 그들은 베르베르어 · 아랍어 · 프랑스어 등을 사용하면서 가파른 산비탈에서 평지붕의 진흙집을 짓고 산다.
식물이 거의 자라지 않아 침식작용이 심하다. 금 · 납 · 아연 · 구리 · 철 · 망간 · 인산염 · 안티몬 등 다양한 광물이 매장되어 있으나 개발이 더디어 소량만이 산출된다. 고봉에는 눈이 쌓여 있을 때가 많지만 빙하는 거의 없다. 최초로 산맥을 탐사한 유럽인은 1861~1862년의 프리드리히 게르하르트 롤프스이며, 1871년 후커 볼모우의 조사단이 하이아틀라스에 대해 처음으로 과학적 조사를 하였다.

Mekness

메크네스

MEKNES

세계 문화 유산으로 지정된 도시 메크네스는 페스Fez로 오가는 중에 만나는 작은 도시로 하루면 둘러볼 수 있다. 13세기부터 마을이 형성되었지만 작은 마을에 불과했다. 1672년, 술탄인 물레가 수도를 이곳에 정하고 거대한 궁전을 쌓기 시작하면서 전성기를 맞았다. 1755년의 지진으로 메크네스는 심각한 타격을 입고 방치되었다. 최근 관광지로 인기를 얻으면서 복원작업이 시작되었다.

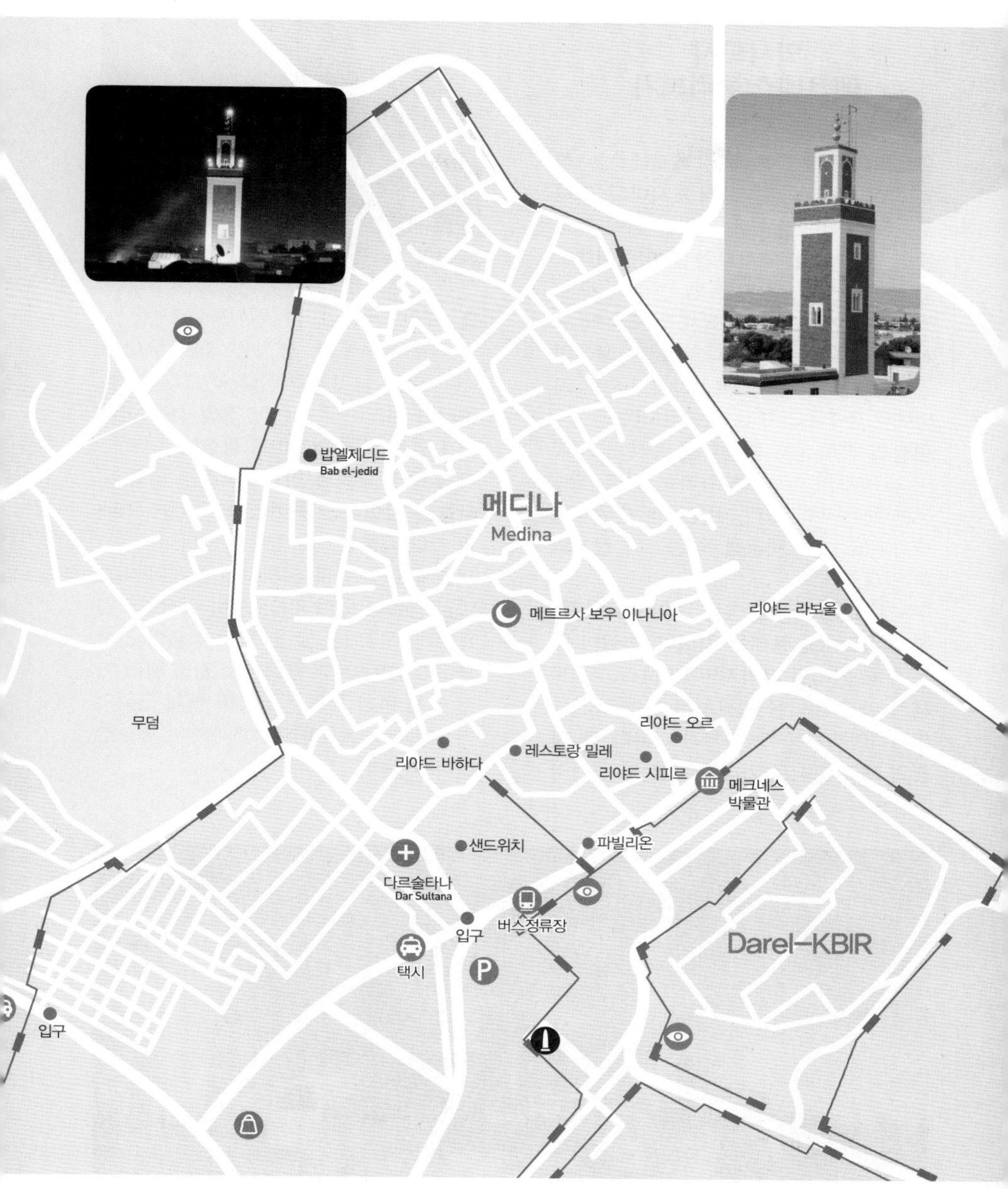
밥엘제디드
Bab el-jedid
메디나
Medina
메트르사 보우 이나니아
리야드 라보울
무덤
리야드 오르
리야드 바하다
레스토랑 밀레
리야드 시피르
메크네스
박물관
샌드위치
파빌리온
다르술타나
Dar Sultana
입구
버스정류장
Darel-KBIR
택시
입구

역사도시
메크네스 둘러보기

모로코의 중북부에 있는 메크네스는 성과 방어 시설을 갖춘 성채 도시이다. 도시 곳곳에 아직도 당시에 지어진 성벽과 탑들이 남아 있다. 구시가의 중심은 거대하고 화려하게 장식된 밥 엘 반수르Bab el-Mansour로 이스마엘의 17세기 제국의 도시 관문이었던 장소이다. 정문은 플레이스 엘 헤딤Place el-Hedim에 접해 있으며 저녁에는 연주소리가 들리는 곳이다.
광장의 북쪽에는 아름다운 19세기 저택이 들어서 있는 다르 자마이 박물관Dar Jamai Museum이 있다. 이곳에는 전통적인 도자기와 보석 세공품, 직물들이 전시되어 있다.
구시가로 가는 가장 쉬운 방법은 박물관 왼쪽의 아치를 통하는 것이다. 천장이 있는 주요 거리를 따라가면 대 모스크와 14세기 아랍 신학을 가르치던 메데르사 부이나니아Medersa Bou Inania가 나온다. 옛 영광의 제국 도시로 가려면 문을 지나 거리

를 따라 가다가 밥 엘 반수르Bab el-Mansour를 돌아 광장인 메코우아르Mechouar를 넘어가면 된다. 메코우아르는 물레이 이스마일 술탄이 그의 검은 군대의 사영을 받던 퍼레이드 광장이다.
작고 하얀 쿠바트 아스수파라는 외국 대사들을 영접하던 곳이었다. 옆에는 거대한 지하 곡물창고의 입구가 있다.
새롭게 보수된 문을 지나면 물레이 이스마일 왕릉이 있다. 이곳은 비 이슬람교인들에게 개방되는 몇 안 되는 이슬람 건축물 중에 하나이다. 무덤에서 길을 따라 가면 길게 벽이 세워진 회랑이 현재 국왕의 거처인 다르 엘 마켄Dar el-Makhen 옆으로 이어져 있다.

근처의 도로를 따라가면 곡물 창고로 지어진 거대한 헤리에스 수아니를 볼 수 있다. 저장 창고는 그 규모에서 인상적이고 물을 길던 우물은 아직까지 남아 있다. 가장 위에는 옥상 카페가 있어 전경을 바라보기에도 좋다.

특산물

이 도시는 올리브와 포도 등이 많이 재배되며, 특히 메크네스에서 제작되는 양탄자는 모로코에서도 매우 유명하다. 이 외에도 모직무로가 금속 공예품 등이 이곳의 특산물이다.

EATING

구시가의 부에 다르 스멘을 따라 가면 양옆의 식당들이 즐비하다. 여기에서 값싼 식사를 할 수 있다.

레스토랑 이코노미크
Restaurant Economique

저렴하고 맛있는 음식을 파는 인기있는 식당으로 오랜기간 사랑받아왔다.

코누즈 레스토랑
KONOUZ Restaurant

리야드 밥 베르다인Ryad Bab Berdine에서 소개해 준 모로코 전통음식을 판매하는 레스토랑으로 가격이 저렴하고 양도 푸짐하게 나온다. 치킨 타진과 꾸스꾸스가 맛이 좋은데 양이 많기 때문에 3인이라면 2인분정도로만 주문하는 것이 좋다.

SLEEPING

역시 가장 저렴한 숙소들은 구시가인 메디나 안에 있다.

리야드 밥 베르다인
Ryad Bab Berdine

메디나 동쪽 입구 근처 내에 있는 전통적인 리야드를 개조한 숙소로 부부가 운영하고 있다. 부부는 매우 친절하고 조식도 잘 나오며 메디나 안에 있어 구시가를 여행하기도 편하다. 뜨거운 물로 샤워를 할 수 있는데 한꺼번에 너무 많은 인원이 샤워를 하면 뜨거운 물이 안 나오기도 한다.

주소_ 7 Derb Moussa, Ancienne medina Mednes
홈페이지_ www.riadsafir.com
전화번호_ +212 619-215900

메크네스 OUT

CTM 버스 정류장은 Ave des FAR의 거리 모하메드 5Mohamed 5교차로 근처에 있다. 중앙 버스 터미널은 구시가 서쪽 밥 엘 케미스Bab el-Khemis의 옆에 있다. 터미널에서는 아가디르, 카사블랑카, 쉐프샤우엔, 페스, 마라케시, 라바트, 탕헤르, 테투안으로 가는 버스를 탈 수 있다.
중앙역은 세네갈 거리Ave du Senegal에 있다. 엘 아미르 아브델카데르Amir Abdelkader역은 모하메드 5세 거리Ave Mohammed 5에 나란히 있어 찾기는 어렵지 않다.

모로코 Q & A

아랍어

오늘날 아라비아 반도와 북아프리카에서 약 3억의 인구가 모국어로 사용하는 언어이다. 이슬람교 경전인 쿠란에 쓰였기 때문에 약 15억 명에 달하는 전 세계 이슬람교 신자들의 예배 언어로 사용되고 있다.

ا	ب	ت	ث	ج	ح	خ
âlif	bâ	tâ	thâ	djim	há	rró
د	ذ	ر	ز	س	ش	ص
dâl	dhâl	rá	zái	sin	shin	sód
ض	ط	ظ	ع	غ	ف	ق
dód	tó	dá	áin	gháin	fâ	qóf
ك	ل	م	ن	ه	و	ى
kâ	lâm	mim	nun	hâ	uau	iâ

당나귀를 모로코에서 많이 보게 되는 이유

당나귀는 힘이 세고 날마다 물을 마시지 않아도 견딜 수 있다. 그래서 사하라 지역이 완전히 사막이 되기 전에 무역품을 나르는 데 많이 이용했다.

오스만 제국이 남긴 이슬람 모스크 양식의 확립

16세기 궁정 건축가 시난은 비잔티움 양식을 본떠 수많은 모스크를 지었다. 거대한 돔과 첨탑이 특징인 시난의 모스크는 오스만 모스크 양식으로 굳어졌다. 오늘날에도 많은 이슬람모스크가 중앙에 큰 돔을 올리고, 주변을 작은 돔으로 감싼다. 또 모스크 안에는 기둥을 사용하지 않아, 중앙이 뻥 뚫려 있고, 아름다운 채색 유리로 건물을 장식한다.

베르베르족이라고 불린 이유는?

북아프리카 지역에 살던 사람들로 베르베르족이라고 불린 이유는 로마 제국이 이 지역을 지배하면서 기존 주민을 '알 수 없는 말을 하는 사람'이라는 뜻으로 베르베르족이라고 불렀기 때문이다. 오늘날 북아프리카의 모로코, 알제리, 튀니지, 리비아 등지에 살고 있다.

메크네스에서 다녀올 수 있는 투어

볼루빌리스(Volubilis)

메크네스 주Meknes-Province에 위치한 볼루빌리스는 메크네스에서 약 33㎞ 떨어진 로마유적지로 모로코에서 가장 잘 보존되어 있는 곳이다. 'morning glory'라는 의미로 1997년에 유네스코 문화유산에 등재되었고 인상적인 건물들로 유명하다. 볼루빌리스는 석기기대부터 사람들이 거주하기 시작해 기원전 3세기 모리타니아의 수도였으며, 로마의 침입이 있기 이전에는 카르타고인이 도시를 건설했다. 기원전 40년, 로마에 점령되어 로마제국의 중요한 전초기지로 12,000명이 거주하였고 도시의 면적은 40ha에 이른 큰 도시였다.

볼루빌리스는 제르훈 산 아래의 방어가 가능한 지역에 있으며, 그 평원의 토양은 농경과 과수 특히 올리브 재배에 적합하다. 이곳에서 발견된 카르타고의 비문에 따르면, 볼루빌리스에서 정착은 최소 기원전 3세기 초에 시작되었다.
볼루빌리스는 기원전 3세기에서 기원후 40년까지 이곳을 수도로 삼았던 모리타니아 왕조시대에 이미 방어용 성벽을 갖추었다. 당시 이곳은 카르타고-헬레니즘 양식에 따라 도시배치를 계획했던 것으로 보인다. 볼루빌리스는 프톨레마이오스(기원전 25년~기원후 40년)와 주바 2세Juba 의 통치기에 로만 라인Roman Line을 따라 개발되었으며, 당시 수도였던 것으로 추정된다.

로마제국의 멸망 후, 고대도시 유적은 사람들의 기억에서 사라졌다가 지금 다시 모로코에 남아있는 최대 로마유적으로 관광객을 끌어 모으고 있다. 로마가 건설한 이 도시가 3세기부터 9세기까지 베르베르족에게 넘어가게 된 이유는 미스테리이다. 도시가 버려진 이유는 이슬람의 침입, 혹은 인근의 페스Fes라는 새로운 도시의 건설이라고 추정할 수 있다.

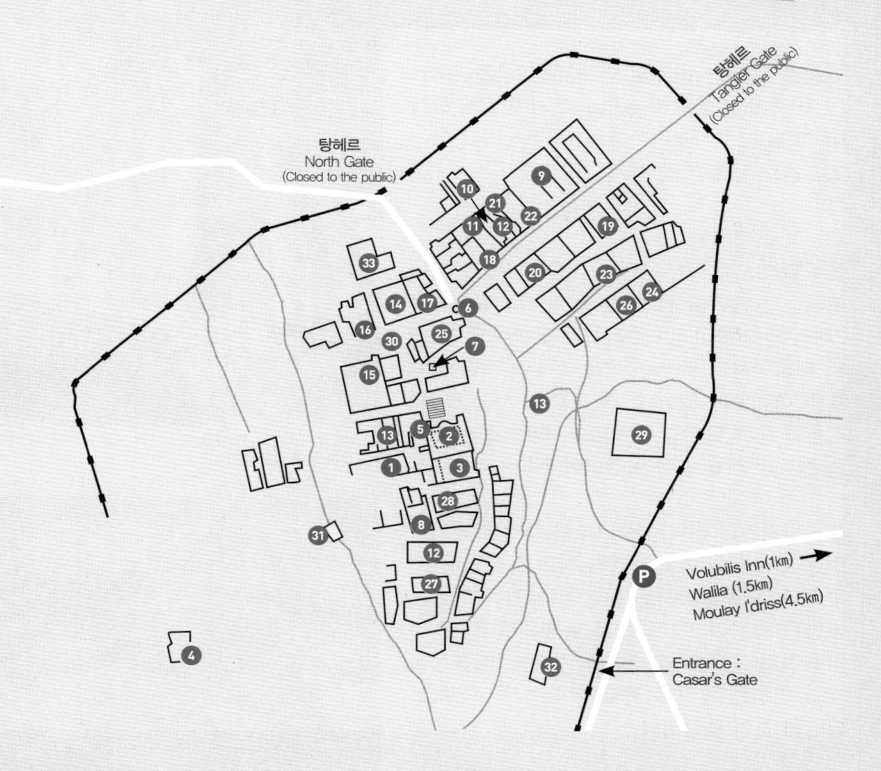

1 베이커리(Bakery)
2 바실리카(Basilica)
3 의사당(Capitol)
4 목욕탕(Baths)
5 포룸(Forum)
6 분수(Fountains)
7 분수 & 세탁소(Fountains & Laundry)
8 칼렌의 목욕탕(Galen's Baths)
9 고디안 궁전(Gordian Palace)
10 디오니소스 집(House of Dionysus)
11 플라비우스 게르마누스 (House of Flavius Germanus)
12 오르페우스 집(House of Orpheus)
13 곡예사의 집(House of the Acrobat)
14 기둥들(House of the Columns)
15 강아지 집(House of the Dogs)
16 에페부스 집(House of the Ephebus)
17 기사들의 집(House of the Knight)
18 헤라클레스 노예들의 집 (House of the Labours of Hercules)
19 마블 바쿠스(House of the Marble Bacchus)
20 네레이드의 집(House of the Nereids)
21 님프스 목욕탕(House of the Nymphs Bathing)
22 야생 짐승의 집(House of the Wild Beasts)
23 비너스 집(House of Venus)
24 민트(Mint)
25 북쪽 목욕탕(North Baths)
26 올리브 프레스(Olive Press)
27 올리브 프레스(Olive Presses)
28 재 저장된 올리브 프레스(Restored Olive Press)
29 사투르누스 사원 (로마신화에 나오는 농경신 / Temple of Saturn)
30 승리의 아치(Triumphal Arch)
31 쌍둥이 사원(Twin Temples)
32 방문자 센터(Visiter Centre & Museum)
33 물탱크(Water Tank)

가는 방법

그랜드 택시와 버스로 메크네스의 플레이스 데 라 포이레Place de la Foire에서 출발해 물레이 이드리스Moulay Idriss에서 내린다. 여기에서 30분정도 길을 따라 걸어가야 한다.

한눈에 살펴보기

볼루빌리스 유적은 이곳에 원래 있었던 고대 도시의 절반에도 못 미친다. 이곳의 유적들은 2개의 와디(물이 없는 수로)인 쿠마네Khoumane와 페르다사Ferdassa에 의해 나눠져, 제벨 제르훈의 아래쪽에 있었다. 이 고대 도시는 8개의 성문을 통해 들어갈 수 있도록 되어 있는 40채의 성벽 유적들로 잘 보존되어 있다.

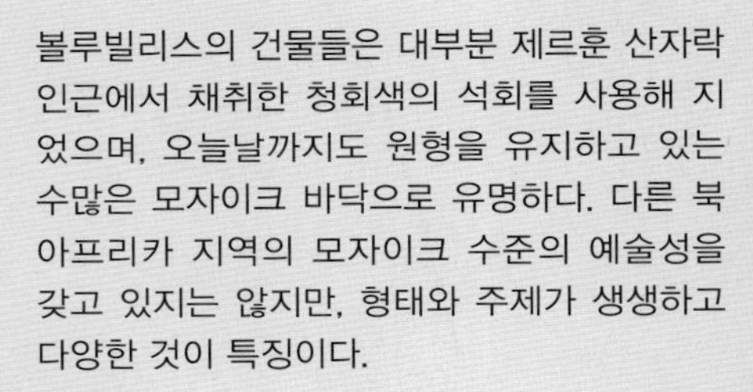

볼루빌리스의 건물들은 대부분 제르훈 산자락 인근에서 채취한 청회색의 석회를 사용해 지었으며, 오늘날까지도 원형을 유지하고 있는 수많은 모자이크 바닥으로 유명하다. 다른 북아프리카 지역의 모자이크 수준의 예술성을 갖고 있지는 않지만, 형태와 주제가 생생하고 다양한 것이 특징이다.

바실리카 남쪽 끝에 인접한 곳에는 카피톨리움capitolium이 있고, 이곳의 성소는 널찍한 계단을 통해 올라갈 수 있다. 인근에는 목욕탕이 있는데, 한 차례 이상 재건축이 이뤄진 증거가 남아 있다.

2.35 km의 다각형 성벽은 높이 5~6m, 두께1.5~1.8m 였으며 8개의 문이 있었다.

쥬피터는 희랍의 제우스 신의 로마명이다.

볼루빌리스는 유적은 모자이크 바닥으로 유명하며 일출부터 일몰까지 다양한 모습을 연출한다.

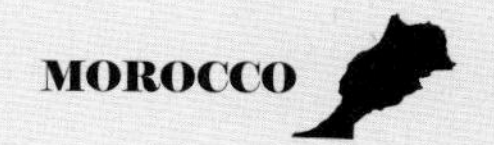

자세히 알아보자!

로마시대

로마제국은 기원후 40년에 모리타니아 왕국을 복속하면서 볼루빌리스를 만들었고 '자치 도시'의 지위를 부여받았다. 도시는 많은 공공건물과 민간 건물을 건축하면서 상당히 빠르게 확장되었다. 나중에 수공예 및 산업 활동과 관련된 건물들이 추가되었으며, 이 지역의 대표 상품인 올리브 생산이 활발해졌다. 비문에 나타난 증거들에 따르면, 로마시대 볼루빌리스에는 유대인 · 시리아인 · 스페인인 등 여러 인종들이 토착민인 아프리카 사람들과 함께 거주했던 것으로 보인다.
로마의 마르쿠스 아우렐리우스(Marcus Aurelius)황제가 통치하는 동안 8개의 거대한 성문이 있는 성벽과 의회, 바실리카 등이 건설되었다(168~169). 그리고 세베루스의 황제들이 의회와 바실리카 등의 새 기념물들을 건축하였다. 이는 카라칼라(Caracalla) 황제가 자신에게 봉헌된 개선문 건축을 기념해 세금을 감면해 주었기 때문에 가능하였다.

중앙 도로(decumanus maximus)에 있는 카라칼라 개선문은 카르타고-그리스 도시와 북동쪽으로 확장한 로마시대의 교차 지역이 어떤 곳이었는지 보여준다. 디오클레티아누스 황제의 통치가 시작된 무렵인 285년, 지금으로서는 그 이유를 알 수 없지만 로마가 남부 틴지타나를 버렸다. 그리고 볼루빌리스는 '암흑 시기'로 접어들었다. 도시로 물을 실어 나르던 수로가 망가지면서, 사람들은 개선문 서쪽으로 옮겨갔다.

새 정착지는 훗날 강 제방이 무너져서 다시 방어 성벽을 건설했으며 이 성벽으로 인해 도시 위쪽과 구분되었다. 개선문이 있던 지역은 새로 조성된 공동체의 묘지가 되었다. 599~655년으로 추정되는 4개 비문에 따르면, 이곳은 기독교인들을 위한 묘지였다.

이슬람 시대

이슬람 세력인 오크바 벤 나피(Oqba ben Nafi, 681)나 무사 벤 나사이르(Moussa ben Nossair, 710)의 침략이 볼루빌리스에 어떤 영향을 미쳤는지는 분명하지 않다. 문헌과 발굴된 고대의 동전들은 볼루빌리스가 이드리스 왕조 이전에 이슬람 사회로 전환되었다는 사실을 보여주고 있다. 칼리프 알리의 후손인 이드리스 1세는 압바시드(Abbassids)와 시테스(Shites)가 분쟁을 벌이는 동안 모로코로 피신하였다. 볼루빌리스 주변에 살던 아오마바(Aomaba) 족 족장은 그를 받아들였다. 이드리스는 신속하게 권력을 차지하고 왈리리아(Walila, 볼르빌리스의 이슬람 지명)를 수도로 삼았으며 페스(Fez)에 새로운 도시를 창건했다.
이드리스 2세(803~829)는 볼루빌리스(Volubilis)보다 페스(Fes)를 좋아했다. 나중에 791년 이드리스 왕조의 창시자, 이드리스 1세가 죽은 이후에 물레이 이드리스 인근의 새 도시로 사람들의 이주 움직임이 있기는 했으나, 볼루빌리스가 완전히 버려진 것은 아니었다. 엘 베크리(El Bekri)는 1068년 무렵 볼루빌리스가 여전히 이드리스 왕조의 도시였음을 기록에 남겼다. 그러다 11세기 말, 알모라비드(Almoravid)의 침략으로 오랜 세기에 걸친 이드리스 왕조의 지배는 끝났다.

가치

볼루빌리스는 로마제국 변경에 있는 잘 보존된 식민 도시의 예이다. 선사시대에서 이슬람 시대까지 10세기 동안의 몇몇 문명을 대표하는 고고 유적들이 이곳에서 발견되어 가치가 높다. 모자이크에서부터 대리석, 청동상, 수백 종의 비문에 이르기까지 상당한 예술적 가치를 가진 유적들이 남아 있어, 수세기에 걸쳐 이곳에 살았던 인류의 창조적 정신을 볼 수 있다.

이프란(Ifrne)

3만명 정도가 사는 이프란은 베르베르어로 '동굴'이라는 뜻인데 아탈라스 산맥에 자리 잡은 동굴로 유명했다고 한다. 이프란으로 바뀌기 전에 '정원'이라는 뜻도 가지고 있었는데, 지하자원이 많아 프랑스 식민시대부터 지하자원을 노린 개척자들이 몰려들면서 고지대에 유럽식의 집을 짓기 시작했다.
눈이 쌓이는 것을 피하기 위해 삼각형의 뾰족한 집을 만들고 스키장도 만들어지면서 '모로코의 유럽'이라는 별명을 가지게 되었다. 지대가 높아 온도가 높지만 햇살의 양은 다른 모로코 도시와 비슷하다고 한다.

믈레이 이드리스(Moulay Idriss)

모로코 북부 메크네스타필랄레트 지방의 이슬람 성지 순례지로, 제르훈 산(Mount Zerhoun)에 위치한 두 개의 높은 언덕에 위치한다. 예언자 무함마드의 증손자이자, 알리의 손자인 물레이 이드리스 알 아크바르Moulay Idriss al-Akbar가 설립한 도시로 그의 이름에서 지명이 연유되었다.
787년 다마스쿠스 우마이야 왕조에서 내전이 발생하자, 이드리스는 내전을 피해 북아프리카로 도망쳤고, 789년 모로코의 이 지역에 도착하였다. 그는 원주민이었던 베르베르족에게 이슬람교를 전파하고, 북아프리카 최초의 아랍 왕조인 이드리스 왕조(788~985)를 건립하였다. 792년 암살당한 후, 도시에 소재한 영묘에 안치되었다.

현재는 이드리스 왕(재위 788~93)의 무덤으로 유명하며, 성지 순례지로 해마다 수많은 무슬림이 찾아온다. 주로 이드리스 왕의 무덤을 참배하기 위해 찾아오며, 현재는 무슬림만 관람이 가능하다.
비옥한 농경지의 고고 유적지에는 지금도 많은 유적이 남아 있다. 볼루빌리스는 훗날 잠시 동안 이드리스 1세가 세운 이드리스 왕조의 수도가 되기도 하였다. 이드리스 1세는 인근 물레이 이드리스Moulay Idris에 잠들어 있다.

더 알고 싶은 모로코 지식

이슬람제국이 북아프리카까지 확장된 이유는?

이슬람 제국의 기틀을 잡은 압둘 말리크가 705년에 세상을 떠나자, 그 뒤를 이은 칼리프들이 다시 영토를 넓혀 나가기 시작했다. 동쪽으로는 중앙아시아 전 지역을 차지하고 인도의 서북쪽마저 손에 넣었다. 서쪽으로는 이미 7세기 말에 북아프리카의 대서양 연안 지역까지 손에 넣은 데 이어, 8세기 초에는 지브롤터 해협을 건너 유럽 원정을 감행하기에 이른다. 이슬람 군대는 북아프리카에 살던 베르베르족과 함께 서고트족이 이베리아 반도에 세운 왕국을 물리치고 이베리아 반도 대부분을 차지했다.

피레네 산맥을 넘어 프랑크 왕국 정벌에 나선 이슬람 군대는 아비뇽까지 점령하지만 732년에 프랑크 왕국의 칼롤루스 마르텔이 이끄는 군대에 패했다. 이 전투를 푸아티에 전투라고 하는데, 거침없이 진군하던 이슬람 군대는 그 후 피레네 산맥 남쪽으로 물러나고 말았다. 이슬람군의 유럽 정벌은 멈추었지만, 우마이야 왕조가 지배한 이베리아 반도는 이슬람의 우수한 문화를 받아들여 새로운 도약을 하게 되었다. 이러한 정복 전쟁의 결과로 이슬람 사람들은 아시아의 인도에서 유럽의 이베리아 반도에 이르는 대제국을 건설했고, 이슬람교는 더 널리 전파되었다.
이슬람 제국의 중심부에 속하는 시리아, 이라크, 이집트에서는 주민들이 대부분 이슬람교를 믿게 되었다. 또한 이슬람 제국의 변두리 지역인 이란이나 아프가니스탄, 북아프리카, 이베리아 반도의 주민들도 이슬람교로 개종하는 경우가 많았다.

푸아티에 전투

732년에 우마이야 왕조와 프랑크 왕국의 카롤루스 마르텔이 이끄는 유럽 군대가 벌인 전투로 투르에서 전투를 시작해서 푸아티에에서 끝나 투르 푸아티에 전투라고도 부른다.

이에 따라 이슬람 제국이 지배한 넓은 지역은 이슬람교를 바탕으로 통일된 문화가 형성되기 시작했다. 영토의 확장으로 이루어진 거대한 제국은 서서히 아랍 문화와 이슬람교로 통일되었다. 아랍어는 정복지의 세력이 약한 언어들을 대체했고, 이슬람교 신자들이 사용하는 종교 언어로 확고히 자리를 잡았다.

8세기 초, 우마이야 왕조의 드넓은 영토, 우마이야 왕조의 영토는 중앙아시아 서쪽 지역은 물론 인더스 강, 북아프리카, 유럽의 이베리아 반도에 이르렀다.

인생과의 거리두기 여행, 메디나(Medina)

미로처럼 복잡한 골목에서 느낄 수 있는 따뜻한 사람 사는 냄새가 반긴다. 시간이 피해간 듯 따뜻하게 나를 반겨주는 사람들, 그 사람 사는 냄새가 여행을 계속 떠나게 한다. 나의 예전 모습을 찾아보고 생각할 수 있는 시간은 관광지의 단순한 멋진 건축물에서 찾지 못한다. 그것은 오래된 골목길이나 시장에서 찾게 된다. 그곳에는 나와 같은 인생을 가진 군상들과 골목길에서 나의 옛 시간들을 끄집어낼 수 있다. 나에 대해 생각해 보니 장점과 단점을 알게 되고 나에 대해 깊은 성찰을 하게 된다. 그래서 나는 시간의 향기를 품은 모로코로 여행을 떠나게 된 것이다.

아름다운 풍경이 지나가는 차들의 빛을 머금었다. 광장을 지나가는 차들의 소리마저 아름다운 노래 소리처럼 따뜻했다. 힘든 하루를 보내고 집으로 돌아와 따뜻한 이불속으로 들어왔을 때처럼 포근함이 느껴졌다.

여행을 하며 행복한 시간은 오랜 시간을 도시와 함께하여 자리를 잡고 한 공간의 온도를 온몸으로 느끼는 일이다. 전 세계에서 몰려온 관광객보다는 현지인과 함께 먹고 마시며 장소를 내 몸이 익히는 것이다. 관광객이 북적이는 관광지보다 한적한 로컬 공간, 지금까지 나를 위해 기다려준 시간에 감사한 마음을 가진다. 이런 공간은 내 몸으로 찍고 여행이 끝나면 사진으로도 같이 느낄 수 있다.

온 몸으로 여행지를 느끼는 가장 일반적인 행동은 현지의 맛있는 음식을 혀로 느끼는 것이다. 맛의 기억은 혀에서 입으로 뇌로 전해진다. 모로코의 전통 음식 타진과 쿠스쿠스로 현지의 감성을 입에서 뇌까지 전달하고 맛의 기억은 여행지를 행복하게 기억하게 한다. 훌륭한 미각으로 현지를 감상해보는 것도 좋은 방법이다.

천천히 돌아보는 여행자의 풍경에서 남은 것은 한 장의 사진이지만 뇌의 기억은 평생토록 감동하게 만든다. 가이드북의 사진으로 여행지를 생각하다가 기대하지 않은 풍경에서 감동하는 느낌은 좋다.

한적한 시골마을에서 안내 이정표가 없어도 따라가다 보면 새로운 매력적인 나만의 관광지를 발견할 때가 많다. 그때마다 여행의 기쁨은 배가되어 행복해진다. 조용하고 바람소리만 있는 바닥에 앉아 오랜 시간 지친 나의 발을 바라보며 행복해한다. 복잡하고 북적이는 도시를 떠나 자연을 바라보며 마음이 더 끌리는 것은 조용한 나를 바라볼 수 있는 풍경이 더 끌리는 마음이다. 인간의 손길이 제한된 공간에서 나오는 풍경이 즐겁고 바람이 만든 황량한 산들도 반갑다.

스스로의 삶을 결정하지 못하고 사교육을 받으며 결정된 것을 찾는 삶이 사회에 나가면서 스스로에게 질문을 던지는 경우가 많아졌다. 하지만 이때 자신이 결정하는 것을 배우지 못한 이들은 결정하지 못하고 방황한다. 사회의 도구가 되는 교육을 받고 로봇 같은 엘리트가 되지 말고 나 자신을 위한 교육을 받고 성장해야 한다. 자기 결정권을 가지고 인생을 설계하고 살 수 있어야 삶의 후회가 적고 만족도가 높다.

지금 당신의 집에서, 당신의 차안에서, 당신의 회사에서 힘들다고 느낀다면 자신에 대해 생각해보라. 그리고 떠난다면 모로코를 추천한다.

Fes
페스

FES

모로코의 중북부에 산기슭에 자리한 페스는 천 년 이상의 오랜 역사를 간직한 도시로 이슬람 문화의 중심지였던 미로 도시이다. 페스는 마라케시보다 오랜 역사를 간직하고 있다. 미로를 닮은 골목들이 안겨주는 정적인 풍경은 모로코의 대표적 이미지 중 하나다. 페스는 모로코에서 가장 오래된 제국의 도시로 여러 차례 모로코의 수도였다. 페스의 주민들은 자신들의 도시를 모로코의 문화, 정신적인 수도라고 생각하고 자랑스러워한다.

모로코 여행의 볼거리는 많지만 그 중에서도 하나만 꼽으라면 단연 '페스Fes'를 추천한다. 오랜 전통이 살아있는 이곳은 '메디나'라고 말하는 구시가지 전체가 세계문화유산으로 등재되어 있을 정도로 여행자들의 관심 도시이다. 하지만 그 좁은 골목길들이 어찌나 복잡하게 얽혀 있는지 미로처럼 길을 잃고 헤매기 쉽다. 좁은 골목을 따라가다 보면 온 천지가 바자르Bazzar이고, 주택가이고, 모스크, 기념품점이다.

페스에는 오래된 시가지인 메디나가 있는데, 길이 복잡하게 얽히고설켜 마치 미로처럼 되어 있다. 미로처럼 얽힌 건물들 속에 이슬람 사원과 아랍의 전통 시장, 모로코의 유명한 천연 염색장 등이 있다. 다닥다닥 붙은 녹색 대문의 집들, 염색약 냄새가 코를 찌르는 가죽 염색 공장, 양탄자가 켜켜이 쌓여 잇는 양탄자 가게, 히잡을 둘러쓰고 눈만 드러낸 채 장을 보는 여인들이 있다. 사이스 평원의 동쪽 끝에 있는 페스의 메디나에는 중세 이슬람 도시의 옛 모습이 고스란히 남아 있다.

시내교통

버스

우리가 보면 너무 빼곡히 들어선 현지인들이 놀랍게 느껴지지만 페스는 버스노선이 잘 운행되고 있다. 유용한 노선으로는

- ▶**9번** : 플레이스 데 라 아틀라스Place de l Atlas~하산2세 거리Ave Hassen 2~다르 바타Dar Batha
- ▶**12번** : 밥 보 제로드Bab Bou Jeloud~밥 구시아Bab Guissa~밥 엘 포우Bab el-Ftouh
- ▶**16번** : 기차역~공항
- ▶**47번** : 기차역~밥 보 제로드Bab Bou Jeloud

택시

블루 게이트 앞에는 택시들이 쉬지 않고 다닌다. 택시는 실내가 너무 노후 됐고 차 상태도 좋지 못하다. 굴러가는 게 신기하다. 붉은 색의 택시를 타면 기차역에서 밥 보 제로드Bab Bou Jeloud를 가는 관광객이 많아 같이 합승하면 저렴하게 이용할 수 있다. 그랜드 택시가 공항까지 이동하기 때문에 역시 합승하면 저렴하고 편리하게 이용이 가능하다.

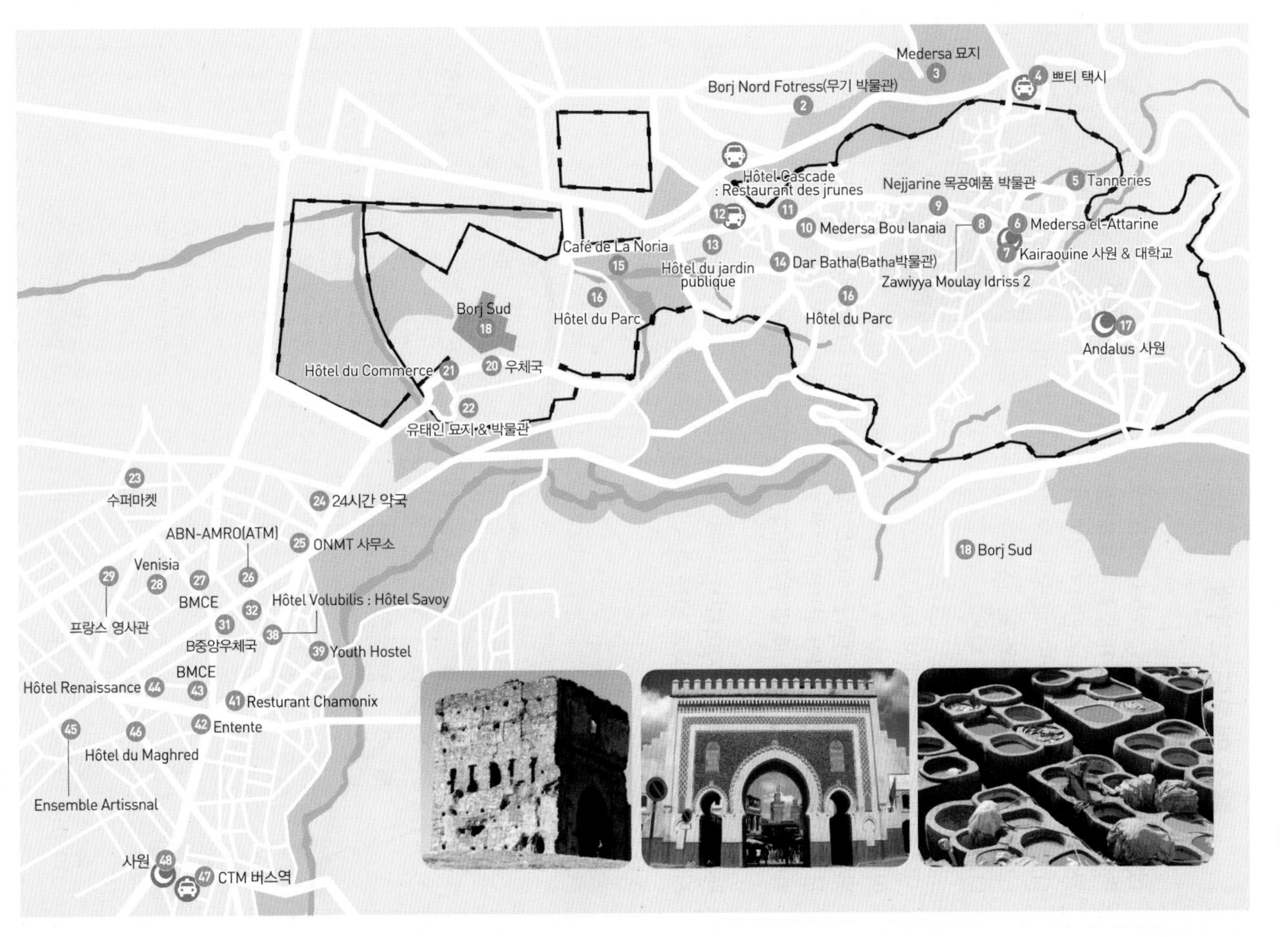

Medersa 묘지
Borj Nord Fotress(무기 박물관)
쁘띠 택시
Hôtel Cascade
: Restaurant des jrunes
Nejjarine 목공예품 박물관
Tanneries
Medersa Bou lanaia
Medersa el-Attarine
Kairaouine 사원 & 대학교
Café de La Noria
Hôtel du jardin publique
Dar Batha(Batha박물관)
Zawiyya Moulay Idriss 2
Borj Sud
Hôtel du Parc
Andalus 사원
Hôtel du Commerce
우체국
유태인 묘지 & 박물관
수퍼마켓
24시간 약국
ABN-AMRO(ATM)
ONMT 사무소
Venisia
BMCE
Hôtel Volubilis : Hôtel Savoy
프랑스 영사관
B중앙우체국
Youth Hostel
Hôtel Renaissance
Resturant Chamonix
Entente
Hôtel du Maghred
Ensemble Artissnal
사원
CTM 버스역

페스 핵심도보여행

성안의 구시가로 들어가는 가장 편리한 방법은 서문Bab Bou Jeloud을 이용하는 것이다. 불행히도 많은 이슬람교 사원이나 기념물은 이슬람 교인이 아니면 입장이 불가능하다. 서문에서 바로 들어가면 메레니드Merenid 술탄인 부 이난Bou Inan에 의해 1350~1357년까지 세워진 메데르사 부이나니아Medersa Bou Inania가 나온다.

시내 중심에는 모로코에서 가장 큰 모스크 중 하나인 카이라우이네Kairaouine 모스크가 나온다. 859~862년 사이에 튀니지의 난민들을 위해 세워진 이곳은 이슬람 세계에서 가장 뛰어난 도서관 중 하나이다. 근처의 메데르사 엘 아타리네Medersa el Attarine는 아부 사이드Abu Said에 의해 1325년에 완공하여 지금에 이르고 있다. 특별히 아름다운 메레니드 장인의 솜씨를 볼 수 있다.

페스 구시가와 페스 엘 자이드Fes el-Jdid사이의 경계지점에 100년 전 왕궁으로 지어졌지만 지금은 박물관으로 이용되고 있는 다르 박물관인 다르 바타Dar Batha가 있다.

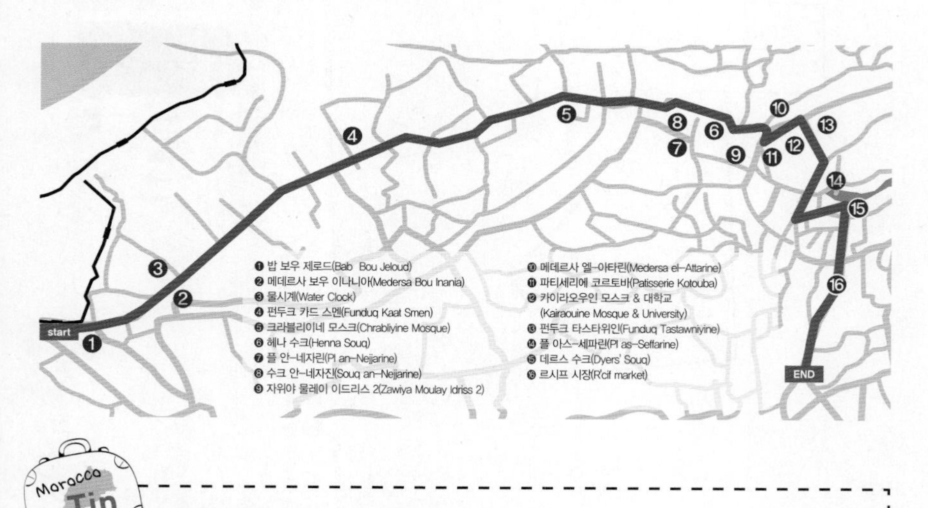

Moracco Tip

페스 전체를 바라보고 싶다면?

페스의 드넓은 전망을 보려면 택시를 타거나 걸어서 브르즈 노르드 성채(Borj Nord)와 메레니드 무덤(Merenid Tombs)으로 올라가야 한다. 이곳에서는 전체 페스가 발 밑에 펼쳐지는 것을 볼 수 있다.

블루 게이트
Blue Gate

페스를 상징하는 랜드마크인 블루 게이트는 밥 보우 제로우드(Jeloud 또는 밥 Boujeloud, 영어 : 블루 게이트)라고도 부른다. 메디나 안으로 들어가기 전에 이르게 하는 출입문이다. 페스 엘 발리에서 높은 벽으로 둘러싸인 파샤 바그다드 광장은 메디나와 페즈 엘 제 이드를 연결한다. 무어 스타일로 지어졌으며 3개의 대칭 말굽으로 이루어져 있다. 정면은 기하학적, 서예 및 꽃 장식을 기반으로 한 장식이 풍부한 디자인과 주로 파란색 인 인터레이스 된 다색 유리 타일로 아름답게 장식되어 있다.
광장의 한쪽에는 1913년에 지어진 아름다운 기념비적인 문이자 Fez el-Bali의 주요 입구인 밥 보우 제로우드Bab Bou Jeloud를 만날 수 있다. 무거운 포병의 발달은 아름다운 건축 요소로 간주되기 시작한 페스Fez 성문의 방어 효과를 상실하였고, 후에 도시의 명성에 기여했다.

위치_ 페스 메디나 북서쪽
주소_ Grande Porte Bab Boujloud, Fes

테너리
Tannery

페스를 대표하는 어떤 사진이든, 다 명품 가죽이 탄생하는, 페스에서 가장 유명한 가죽 염색 작업장 사진이다. 이곳을 대표하는 '테너리Tannery'라고 부르는 천연 가죽염색 작업장은 특유의 이색적인 풍경 때문에 전 세계 사진가, 관광객들이 사진을 찍기 위해 모여드는 출사 장소로 유명하다. 중세와 달라진 것은 옥상의 사진을 찍는 장소뿐이다. 메인 테너리Tannery를 중심으로 소규모 테너리가 다닥다닥 붙어 있다.

관광객들이 주로 방문하는 곳은 가장 높은 메인 테너리이다. 수작업으로 진행되는 가죽 가공 공정을 보기 위해 모여든 관광객에게 이 장면은 한 편의 다큐멘터리를 보는 것 같다. 형형색색의 물감이 든 커다란 염색 통마다 긴 장화를 신은 인부들이 들어가 있는 모습과 그들이 가죽을 밟는 고된 노동으로 다양한 색깔의 명품 가죽이 탄생한다.

위치_ 블루게이트에서 도보 20분

테너리 구경하는 방법

1. 멋진 풍광을 한눈에 담으려면 최대한 높은 테너리로 이동해야 한다. 옥상에 올라 아래를 내려다보면 멋진 페스의 장면을 찍을 수 있다.

2. 염색약의 악취가 심하니 마스크를 준비하자.

3. 가이드를 가장한 호객꾼이 많으니 속지 말아야 한다. 옥상까지 안내해주고 10디람의 팁을 요구하는 경우가 대부분이지만 옥상의 테너리를 출입하는 데 돈은 받지 않는다.

페스의 가죽제품 만드는 공정의 순서

전 세계에서 최고의 품질로 인정받고 있다. 천 년이 넘도록 이어온 작업 방식은 대대로 이어져 가업의 형태로 전해지고 있다. 공정은 크게 무두질과 염색 두 단계로 나뉜다.

1. 작업장의 가죽 장인들은 허벅지까지 올라오는 고무장화를 신고 온종일 수조에 몸을 담근다. 가죽도 사람도 알록달록 물들어 있다.

2.동물의 생피를 석회 수조에 며칠 담가 부드럽게 만든 후 물에 깨끗이 씻어낸다.

3. 그 후 나무껍질, 민트, 인디고, 샤프란 꽃과 같은 천연 염료로 물을 들이는데, 이때 염색이 잘 되도록 비둘기, 염소, 소의 배설물을 섞는다.

메디나
Medina

9세기경에 세워진 도시인 페스는 살아있는 중세 도시로 미로처럼 복잡하다. 얽히고설킨 흙벽돌로 쌓은 성곽으로 둘러싸인 메디나는 페스의 구시가지로 유명하다. 이곳에는 이슬람의 색으로 불리는 초록색으로 칠해진 담과 문, 지붕의 집들이 줄지어 늘어서 있다. 메디나 안으로 차가 들어올 수 없어 천년이 넘은 구 시가지를 그대로 보존할 수 있었다.
페스는 789년에 술탄 물레이 이드리스 1세가 만든 도시이다. 1200년대에 들어선 마린 왕조는 시가지를 새로 지어 도시를 넓혔다. 그때부터 페스는 1900년대 초까지 모로코 왕국의 수도로 정치, 경제, 문화, 학문의 중심지 역할을 하였다. 원래 있던 옛 시가지를 페스알발리, 새 시가지를 페스알제디드라고 하는데, 페스알발리가 바로 메디나이다. 원래 메디나라는 말은 아랍어로 '도시'라는 뜻이다. 하지만 지금은 이슬람식 옛 시가지를 일컫는 말이다.
메디나는 항상 이슬람교 사원인 모스크를 중심으로 이루어져 있다. 페스의 메디나에는 가라윈 모스크가 있다. 이 모스크 주위에 종교 학교인 마드레사, 시장인 수크, 상인들의 숙소인 카라반 세라이, 공중 목욕탕인 하망 같은 시설이 들어서 있다.
메디나의 골목은 외적이 쳐들어 왔을 때 함부로 도시 중심에 이르지 못하도록 아주 좁고 복잡하게 만들어져 있다. 사람과 나귀가 간신히 지나다닐 만큼 좁다. 자칫하면 길을 잃을 수도 있다. 골목 안에서는 도자기나 직물, 향신료를 파는 상인들이 지금도 활발하게 장사를 하고 있다. 그래서 메디나를 살아 있는 중세 도시라고 한다.

위치_ 버스 터미널에서 차로 약 7분

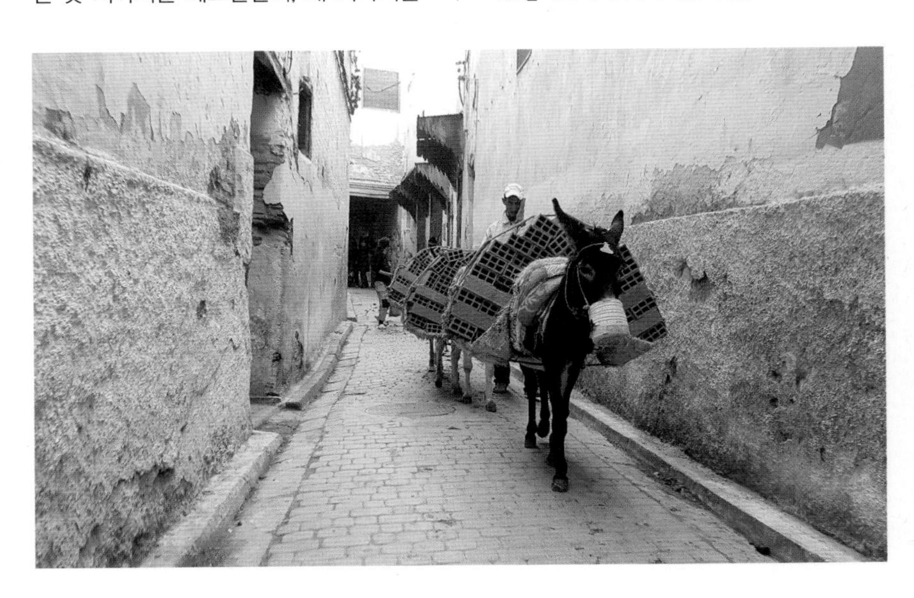

페스 골목의 특징

골목의 개수가 약 9천개가 될 정도로 복잡한 골목은 적의 침입 시에 들어와서 나가는 길을 찾을 수 없게 하려고 만들어져 좁았다 넓어지고, 뻗었다가 굽어지고, 똑같은 모양이 없이 완벽한 미로처럼 계속된다. 골목 중에는 한 사람만 통과할 수 있을 정도로 좁아서 골목의 유일한 이동수단은 당나귀였다. 요즈음, 오토바이를 타고 이동하는 현지인들도 생겨나고 있다. 길을 잃어 가면서, 염색공장의 지독한 냄새에 취해 가면서, 장사치들과 밀고 당기는 흥정을 해가면서 아랍풍의 중세의 분위기에 흠뻑 젖다보면 하루가 저물어간다.

신학대학
college of theology

밥부즐루드Bab Bou Jeloud의 탈라 케비라Talaa Kebira를 잠시 걸어 내려 가면, 메데르사 부이나니아Medersa Bou Inania는 페스Fez의 가장 훌륭한 신학 대학이다. 그것은 1351과 1357 사이의 메리니드Merenid 술탄 보우 이난INAN에 의해 만들어진 , 그리고 인상적으로 정교하게 복원 된 젤리즈zellij 및 새겨진 석고, 아름다운 삼나무 마쉬라비야스mashrabiyyas(격자 스크린) 및 대규모 황동 입구 문. 가장 반면 메데르사medersas는 단순한기도 홀이의 보우 Inania는 완전한 모스크를 호스팅 점에서 특별하다.
메리니드(틈새 시장이 직면 한 메카)에는 특히 훌륭한 천장과 오닉스 대리석 기둥이 있다. 생각이야 메데르사medersa이 시간에 근처에 다름이 없기 때문에 더 큰 규모의 사원이 필요했다. 아름다운 녹색 기와 미나렛을 포함한다.

네자린 나무공예 박물관
Nejjarine Wood Art Museum

건물 자체는 나무가 아니지만 곳곳을 채운 나무 공예품이 아름다운 모로코 예술의 정수로 나무로 채운 공예품으로 건물을 채웠다는 사실이 놀랍다. 네자린 나무 공예 박물관의 옥상에 올라가면 페즈의 전경을 볼 수 있어 가볼만한 박물관이다.

주소_ Place Nejjarine Fez
전화_ +212 531-412616

아타린 메데르사
Attarin Medersa

타일과 목공예 장식이 아름답지만 문가 기둥 사이의 흘림 양식이 특히 이목을 끄는 박물관이다. 이슬람 박물관은 기초적인 지식이 없으면 즐

기기가 힘든데 페스에서 같은 장소가 많아 사전에 이슬람 미술에 대한 기초 지식이 필요한 곳이다.

주소_ Boutouil Kairaouine, Fez

툼 데 메레니디
Tombe Dei Merenidi

고대부터 내려온 무덤이 모여 있는 고대 유적이지만 큰 관심을 끌지는 못한다. 해지는 노을이 특히 관광객을 끌어 모으고 있는데 위에서 보는 페즈의 아름다운 전경을 볼 수 있어 한번은 찾을만한 곳이다.

위치를 찾기가 힘들기 때문에 택시를 타고 기사에게 이야기를 하면 데려다 준다. 다만 미리 택시가격의 흥정을 하고 타는 것이 바가지를 쓰지 않는 방법이다.

주소_ Nella Zona a Nord Della Medina, Fez
전화_ +212 663-639360

카이라우네 모스크
Kairaouine Mosque

페즈에서 가장 신성하고 종교적인 장소로 학생들에 대한 이슬람 교육과 역사적인 장소로 유명한 장소이다. 단지 찾기가 너무 힘든 곳으로 페즈의 미로같은 골목길을 걷다가 우연히 만날 수 있는 아름다운 이슬람 건축물이 있다면 한번 확인해보자. 다른 나라의 모스크와 모양이 조금은 다르기 때문에 비교해보는 것도 좋은 여행방법이다.

시내 중심에는 모로코에서 가장 큰 모스크 중 하나인 카이라우이네 모스크Kairaouine mosque가 나온다.

859~862년 사이에 튀니지의 난민들을 위해 세워진 이곳은 이슬람 세계에서 가장 뛰어난 도서관 중 하나이다. 이슬람교인이 아니면 08~17시까지 예배시간을 제외하고 개방한다.
모스크는 아랍어의 마스지드가 변한 것이다. 마스지드는 스페인어로 메스키타, 프랑스어로 모스케로 불리다가 영어로 모스크가 되었다. 마스지드는 '이마를 땅에 대고 절하는 곳'이라는 뜻이다.
그러니 모스크는 이슬람 사람들이 신에게 예배를 드리는 사원이다. 페스의 중심에는 가라윈 모스크가 있다. 모스크는 대학교 역할을 했는데, 가라윈 모스크도 학문과 종교의 중심지였다.

주소_ Fes el-Bali Qayruwan quarters, Fez
전화_ +212 601 5850303

메데르사 엘 아타리네
Medersa el Attarine

아부 사이드Abu Said에 의해 1325년에 완공하여 지금에 이르고 있다. 특별히 아름다운 메레니드 장인의 솜씨를 볼 수 있다. 매일 개관하며 08~17시까지 입장이 가능하다.

다르 바타
Dar Batha

페스 구시가와 페스 엘 지디드Fes el-Jdid사이의 경계지점에 다르 박물관이다. 100년 전 왕궁으로 지어진 다르바다에는 황폐화되고 쇠락한 메데르사에서 수집한 역사적이고 예술적인 유물들과 함께 파시 자수, 카페트, 도자기 등이 전시되어 있다.

페스 엘지디드
Fes el-Jdid

메레니드Merenid에 의해 13세기에 세워진 또 다른 성벽 도시인 이곳은 옛 유대인 구역과 함께 몇 개의 모스크 등이 있지만

페스 구시가처럼 흥미롭지는 않은 장소이다.
왕궁인 다르 엘 마크젠Dar el-Makhzen부지는 80헥타르의 전시관, 메데르사, 모스크, 유원지 등으로 이루어져 있으며 일반에게는 공개되지 않고 있다.
주요 거리인 샤리아 물레이 술레이만Sharia Moulay Suleimam의 끝에는 예전에 왕궁으로 들어가던 정문인 거대한 밥 덱멕카켄Bab Dekkaken 이 나온다. 또한 부 젤루드 정원Bou Jeloud Garden이 있고 그 사이로 이 도시의 주요 식수원인 오우에드 페스Oued Fes가 흐른다.

보르즈 노르드 / 메레니드 무덤
Borj Nord / Merenid Tombs

페스 전체의 드넓은 전망을 보려면 택시를 타거나 걸어서 브르즈 노르드 성채와 메레니드 무덤으로 올라가야 한다. 이곳에서는 페스 전체가 발밑에 펼쳐지는 것을 볼 수 있다. 16세기의 보르즈는 사디안 술탄 아메드 알 만수르에 의해 지어졌으며 무기 박물관이 내부에 있다.
무덤들은 대부분 유적이지만 시의 모습에 대비되어 극적인 효과를 가져 온다. 이곳을 혼자 찾은 여행객들이 봉변을 당했다는 안 좋은 소식들이 들리는 장소이므로 아침 일찍이나 저녁 늦게 혼자 이동하는 것은 자제하는 것이 좋다. 화요일을 제외한 매일 입장이 가능하다.

EATING

기차역 근처와 중앙 시장에 먹거리들이 몰려 있다. 서문Bab Bou Jeloud지역에는 노점상들이 몰려 있어 값싼 먹거리를 여기에서 해결할 수 있다. 더 비싼 레스토랑은 남쪽의 한 구역을 이동하면 카페나 프랑스풍의 빵집들이 있다.

카페 클락
Cafe Clock

페스의 밥 부줄루드 근처에 있는 한국여행자에게 가장 유명한 카페로 낙타버거와 치킨 쿠스쿠스가 가장 인기 있는 메뉴이다. 다른 모로코 카페보다 가격은 비싼 편이지만 맛을 보면 조금 비싼 음식의 가격은 문제가 되지 않는다. 인테리어도 다른 카페에 비해 청결하고 음식이 나오는 접시도 음식 맛을 더욱 좋게 만들어준다. 하리라 수프, 샐러드, 민트 티도 유명 메뉴이다.

주소_ 7 Derb Magana Talaa Kbira, Fez
홈페이지_ www.fez.cafeclock.com
영업시간_ 09~11시
전화_ +212 (0)35-637-855

카페 시네마
Cafe Cinema

론리플래닛 가이드북에 소개된 카페로 미국인 관광객에게 가장 인기가 많은 카페로 세련된 지중해 해산물로 만든 피자,

파니니, 햄버거가 맛이 좋다. 메디나의 입구인 블루 게이트Blue Gate에 있어 찾기도 쉽기 때문에 페스의 골목 안에서 찾지 못하는 카페보다 위치적으로도 찾게 만드는 카페이다.

주소_ Rue De La Poste, Fez
홈페이지_ www.facebook.com/cinemacafefez
영업시간_ 09~11시
전화_ +212 5356-38395

카라우이네 커피
KARAOUIYINE COFFEE

페스에서 황토색 전경을 보려고 하면 택시를 타고 이동해야 해서 포기하는 경우가 대부분이다. 이때 추천하는 곳이 카라우이네Karaouiyine 커피점이다. 이곳을 찾아가는 이유는 커피보다 옥상에서 보는 아름다운 페스의 전경 때문일 것이다. 그

렇다고 커피 맛이 그저 그렇지는 않다. 유럽에서 모로코 페스를 찾는 관광객에게는 필수코스로 되어 있는 장소이다. 다만 페스의 페스의 메디나 입구에서 왼쪽의 골목길을 따라 걸어야 하는 데 찾기가 쉽지 않다. 현지인의 도움을 받아 가는 편이 더 빠를 것이다.

주소_ 4 Boutouile Karaouiyine Sagha Medina, Fez
영업시간_ 09:30~09:30
전화_ +212 661-082232

나그함 카페
Nagham Cafe

밥 부줄루드의 오른쪽 측면에 있는 카페로 음식의 맛보다는 페스의 메디나 입구인 블루 게이트Blue Gate와 메디나 안의 풍경을 볼 수 있어서 인기가 많다. 실제로

페스의 메디나 안의 골목길에서 헤매는 관광객들은 누구나 힘들어서 입구를 나오는 순간 카페를 찾게 되어 있다. 이때 자신이 헤맨 메디나 안을 보면서 이야기를 나눌 수 있는 카페이다.

주소_ 49, Place Iscesco Kasbat Boujloud fez Medina, fez 30110
영업시간_ 09~11시
전화_ +212 661-091296

SLEEPING

메디나 지역의 서문Bab Bou Jeloud에 다채로운 호텔들이 모여 있다. 이들의 시설은 기본적이지만 샤워시설도 있고 공중 목욕탕인 함맘도 근처에 위치하고 있다.
성문 안에서는 카스카이드 호텔이 유명하다. 시설이 좋은 호텔들은 대부분 신시가지역에 위치해 있다.

페스 레스토랑과 카페의 특징

페스의 레스토랑과 카페는 대부분 메디나 입구인 블루 게이트(Blue Gate)에 몰려 있다. 왜냐하면 페스의 골목길에서 음식점을 찾기는 바늘구멍을 찾아가는 것과 비슷하기 때문이다. 관광지도 찾지 못해 헤매는 관광객이 레스토랑까지 메디나 안에서 찾는다는 것은 실제로 불가능하다. 그래서 메디나 입구인 블루 게이트(Blue Gate)에 몰려있는 카페와 레스토랑을 찾는다. 카페도 역시 페스의 전망을 잘 볼 수 있는 카페가 인기가 있다.

사라이 호텔
Hotel Sahrai The Rooftop

2 개의 레스토랑 외에 이 호텔에는 풀서비스 스파 및 야외 수영장도 마련되어 있다. 공용 장소에서의 무료 WiFi, 무료 주차 대행 및 무료 지역 셔틀도 제공된다. 또한, 헬스클럽, 바/라운지 및 커피숍/카페도 이용할 수 있다.

운영시간_ 월~토 PM 5:00~AM 1:00
일 PM 12:00
주소_ Hotel Sahrai, Bab Lghoul, Dhar El Mehraz, 30 000, Fez, Morocco
전화_ +212 (0) 535 94 03 32
홈페이지_ www.hotelsahrai.com

다르 보르
Dar Borj

군사박물관, 코란학교가 가까이 있는 4층으로 이루어진 전통가옥 리야드로 테라스와 연결된 방을 원한다면 4층에 있는 것이 좋고 전망을 보기에 편리하다. 에어컨의 시설도 좋고 온수도 잘 나오며 침구는 하얀색이기 때문에 더욱 깨끗하게 보인다. 다만 리야드 계단이 좁고 급경사이지만 짐은 주인이 올려준다. 편리한 숙박을 원한다면 2층을 추천한다.

주소_ 18 Derb Ben Salem, Talaa Kebira, Bab Boujloud, Fes El Bali, 30000 Fes
요금_ 더블룸 63유로~
전화_ +212 657-595203

페스 숙소 잘 구하는 방법

페스는 메디나의 입구인 블루 게이트 근처에 있는 전통가옥을 개조한 리야드 숙소를 찾는 것이 핵심이다. 특히 밤에는 위치가 혼동되기 때문에 숙소가 찾기 편한 곳에 위치해야 길을 잃는 문제가 발생하지 않는다.
페스는 관광 도시이니 관광을 하기 좋은 곳에 숙소를 찾아야 한다는 사실을 잊지 않아야 시간낭비를 막을 수 있다. 숙소의 위치를 잃어버렸다면 현지인에게 물어보거나 택시를 타고 빨리 숙소로 돌아오는 것이 피곤하지 않다. 여행에서 가장 좋은 곳은 메디나에서 가까운 위치의 숙소를 예약하는 것이 좋다.

리야드 할라
Riad Hala

페스의 바트하 지구에 있는 숙소는 페스의 메데르사 모스크가 바라다 보이는 6개의 색다른 룸을 가지고 있다. 특히 옥상에서 보이는 메디나의 전망은 압권이다. 페스 전통 궁전을 본 딴 가구와 에어컨, TV를 갖추고도 저렴한 숙소로 한국인의 사랑을 받고 있다.

주소_ 156 Derb Lakram Talaa Kebira Riad Hala, Fes El Bali, 30000 Fes
요금_ 더블룸 31유로~
전화_ +212 671-053390

다르 만수라
Dar Mansoura

메디나 안쪽 바로 앞에 위치한 게스트하우스로 블루게이트에서 2분 거리에 있지만 간판이 작아서 찾기가 쉽지 않다. 직원이 페스 관광을 하도록 가이드를 소개해 주는 데 가이드도 만족할 만하다. 옥상에서의 전망도 상당히 좋아서 항상 예약이 많으니 미리 예약해야 한다. 게스트하우스여도 전혀 게스트 하우스같지 않은 분위기이다.

주소_ 4 Derb mansoura talaa kebira 30200 fes medina maroc, Fes El Bali, 30200 Fes
요금_ 더블룸 21유로~
전화_ +212 5357-40016

다르 타랴
Dar Tahrya

페스의 탈라 지구에 위치한 전통적인 베드 앤 브렉퍼스트 형태의 숙소이다. 메디나가 보이는 테라스가 2개나 되어 전망이 좋고 메디나를 둘러보기에 편리한 위치상 바트하 광장에서 보이는 숙소이다. 한국인에게 저렴한 가격에 청결한 숙소로 알려져 있다. 직원이 친절하고 조식도 상당히 좋다. 또한 한국어를 사용할 수 있는 가이드를 소개시켜주는 점도 좋은 인상을 받게 한다.

주소_ 9 Tariana, Talaa Kebira, Fes Maroc Fes El Bali, 30000 Fes
요금_ 더블룸 33유로~
전화_ +212 667-823576

페스 OUT

버스 CTM버스는 서문Bab Bou Jeloud근처의 플레이스 바그다디에 있는 버스 터미널에서 출발한다.

메디나 이해하기

모로코여행을 준비하면서 가장 많이 보고 듣는 단어는 '메디나Medina'이다. 메디나는 아랍어로 '도시'라는 뜻으로 지금은 모로코의 구시가를 뜻하게 되었다. 예전에 만들어진 아랍식의 골목으로 이루어진 도시이다. 그럼 메디나는 어떻게 만들어졌을까?

1. 도시계획에서 가장 중요한 것은 이슬람 사원이다.
이슬람 사원을 먼저 만든다. 이슬람교는 종교생활을 중요시하기 때문이다.

2. 사원을 중심으로 부속건물이 생겨난다.
부속건물이 생겨나면서 이 건물 안에 사람들의 생활에 필요한 상점들이 늘어서 만들어지게 된다. 즉, 하나의 생활공간이 생겨나게 되는 것이다.

3. 생활공간에 맞추어 사람들은 골목을 만들고 일상생활을 꾸려가게 된다.
골목을 따라 시장이 만들어지고 시장 근처로 집들이 생기면서 골목은 더욱 커지게 된다. 집들은 'ㅁ'형태로 더위를 피하는 그늘을 만들고 2, 3층으로 집을 올라간다. 1층은 중간 뜰로 하고 공동생활공간으로 거실(부엌 포함)으로 생각할 수 있다.
위를 보면 햇볕이 들어오거나 공기가 들어오도록 뻥뚫린 'ㅁ'로 하늘이 보인다. 좁은 구조이면 답답할 것 같지만 파란 하늘이 보여 생각보다 답답하지 않다. 2층은 방들이 위치한다. 3층은 옥상으로 화단이나 휴식 공간이 만들어져 있다. 그래서 모로코의 메디나에는 반드시 사원이 있고 골목과 시장 리야드 양식의 집들이 있다.

1. 목욕탕

모로코에는 이슬람 문화인 함맘Hammam이 있다. 함맘은 아랍어로 목욕탕을 말한다. 공중목욕탕 문화가 있는 우리나라 사람에게는 신기할 것이 없지만 다른 나라 사람들에게는 특이하게 보이는 대중목욕탕이다. 오전에는 남성, 오후에는 여성이 사용하여 한 장소를 시간대로 나누어 남, 여가 이용한다.

2. 공동화덕과 빵 굽는 장인

모로코에서 주식인 홉스Hops는 매우 저렴하다. 1~3DR으로 가격은 정부에서 통제하여 가난해도 홉스를 먹는데 문제가 생기지 않도록 한다. 그리고 메디나 안에는 공동화덕을 운영하여 빵을 굽거나 홉스를 파는 상인들도 공동 화덕을 사용하므로 화덕은 매우 중요한 장소이다. 또한 화덕에서 빵을 굽는 장인들은 적절하게 빵을 구워내야 하므로 오랫동안 기술을 습득해야 한다.

3. 질레바 만드는 디자이너 장인

질레바는 장인들이 직접 한 땀 한 땀 꿰매어 만들어낸다. 그들은 장인마다 만들어내는 옷들이 다르기 때문에 자신의 노력을 옷으로 승화시킨다.

4. 금속 공예 장인

금속 공예는 모로코에서 흔히 볼 수 있는데 특히 은 세공 작품들이 많다. 이슬람을 나타내는 모스크나 종교적이고 집들을 표현한다.

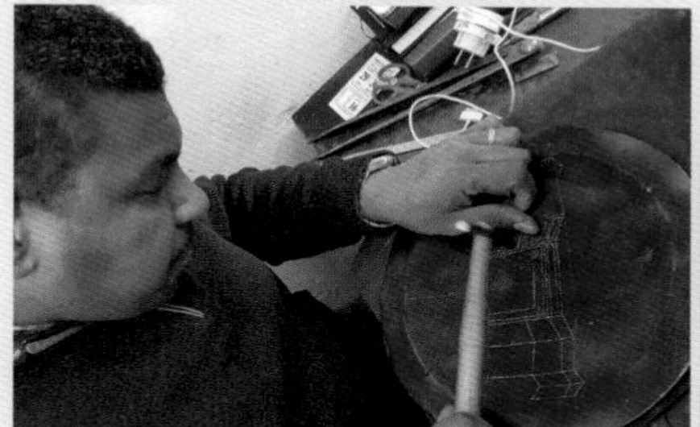

5. 작은 구멍가게들

모로코에도 뉴타운에 가면 커다란 대형 쇼핑몰이 성업 중이다. 하지만 우리나라처럼 대기업이 전통 시장을 위축시킬 정도는 아니다. 메디나 안에는 작은 구멍가게들이 개인이 운영하며 서로 살아가고 있다. 그러므로 그들의 공동사회는 꽤나 공동체 의식을 가지고 있다.

6. 코란 학교

메디나 안에서 길을 잃고 해매다 보면 큰소리가 들린다. 상인들의 목소리가 아니라면 학생들이 코란을 배우고 있는 소리라고 생각하면 된다. 우리의 옛 서당처럼 선생님이 선창하면 학생들은 후창하며 코란의 구절을 외운다.

메디나 투어

1. 페스의 메디나는 대단히 복잡하여 길을 자주 잃기 때문에 투어를 선택하는 것도 좋은 방법이다. 4시간 투어(1인당 5~15유로 정도)로 가이드의 영어 설명으로 쉽게 메디나의 골목을 돌아다닐 수 있다. 다만 상점에 들르는 단점도 있지만 강매는 없으니 걱정은 하지 않아도 된다.

2. 메디나의 하이라이트는 단연 좁고 복잡한 골목들인데 문제는 너무 복잡해 길을 걷다보면 길을 잃게 된다는 것이다. 지도가 있어도 소용이 없고 똑똑한 스마트폰 구글 지도도 무용지물이다.
느긋하게 시간을 갖고 둘러봐야 당황하지 않는다. 길을 잃으면 블루 게이트를 이정표로 삼으면 찾기 쉽다. 미로 같은 골목은 당신을 중세로 안내할 것이니 여행하는 기분을 내도록 하자.

3. 메디나를 볼 때 기억할 사항은 메디나에 크게 2개의 큰 보행자 도로가 있고, 이 도로를 중심으로 9,000여 개의 작은 골목이 거미줄처럼 뻗어 있다는 것이다.
큰 도로엔 가죽 제품과 공예품, 생필품 가게들이 다닥다닥 붙어 있고, 작은 카페와 레스토랑도 드문드문 자리하고 있다.

4. 페스 메디나 골목에서 목이 마르다면 요거트를 먹어보자. 가격은 작은 용량(2디람), 큰용량(2.5디르함)으로 가격도 저렴하다.

만사 무사의 황금행렬인 황금 루트란?

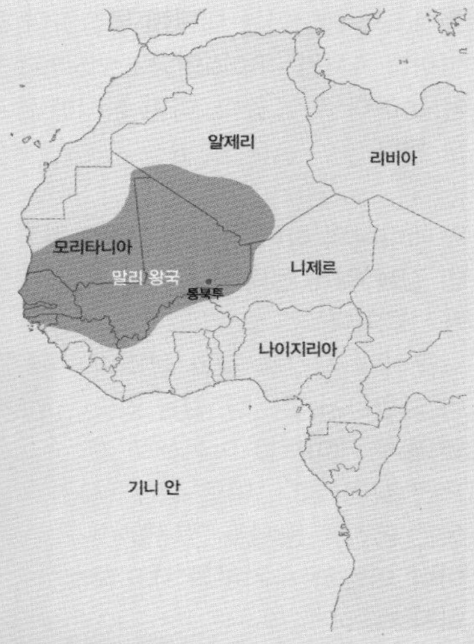

▶ **말리 왕국의 위치**
서아프리카에 위치한 말리 왕국은 13~16세기에 번영했다.

▶ **젠네 사원**
통북투의 대표적인 이슬란 유적지로, 만사 무사왕의 메카 여행 후 세워졌다.

말리 왕국은 800년 경 이슬람 상인과 주변 나라들 사이에서 중계 무역을 했는데, 이슬람 상인들과 만나면서 이슬람교를 받아들이게 되었다. 말리의 왕들은 200여 년간 이슬람 상인들과 중계 무역도 하고 이들에게서 세금도 거두어들여 나라를 부유하게 만들었다. 아프리카에서 말리 왕국을 세운 순디아타 케이타의 증손자인 만사 무사는 1312년~1337년 동안 말리 왕국을 다스린 왕이다. 만사는 지배자, 즉 왕이라는 뜻이다.

말리 왕국은 만사 무사 왕 때 가장 크게 번성했다. 만사 무사 왕은 10만 명 이상의 궁수와 기병, 보병을 거느리고 서아프리카에서 가장 강한 군대를 만들었다. 그는 이웃 왕국들을 잇따라 정복해서 말리 왕국의 땅을 넓혀 나갔다. 또한 통북투를 비롯한 무역 도시들을 점령하고 □□라의 소금 광산 가지 손에 넣었다. 그 뒤 이슬람교의 성지인 메카 순례에 나섰는데, 이 여행으로 말리 왕국이 엄청난 부자 나라임을 온 세상에 알리게 되었다.

만사 무사 왕은 1324년에 1만 2000명의 노예를 비롯해 모두 6만여 명을 이끌고 메카 순례에 나섰다. 이들은 모두 페르시아산 비단 옷을 입었고, 말을 탄 왕 앞에서는 황금으로 장식한 지팡이를 든 500명의 노예가 걸어갔으며, 뒤에는 각각 140kg의 황금을 실은 낙타 80여 마리가 따라갔다고 한다. 이 밖에도 호위하는 군사들과 신하들이 뒤따랐다. 이 행렬이 화려해서 태양이 빛을 잃을 정도였다고 표현했다.

만사 무사 왕은 금요일 기도를 위해서 행렬을 멈출 때마다 그곳에 사원을 짓도록 황금을 내놓았다. 모로코를 지날 때에는 황금을 너무 많이 내놓아서 금값이 뚝 떨어졌다는 이야기가 전해진다. 황금을 뿌리며 인심을 쓰는 만사 무사 왕과 일행의 화려한 행렬은 모로코의 메르주가와 이프란을 거쳐 페스에 가는 길목에 있던 여러 나라 사람들의 눈길을 끌게 되었고, 사람들은 서아프리카에 부유한 말리 왕국이 있다는 것을 알게 되었다.

만사 무사 왕은 메카를 다녀온 뒤 더욱 믿음이 깊은 이슬람교도가 되었다. 그는 무역 도시였던 통북투를 이슬람교에 관한 배움의 중심지로 바꾸는 것이 큰 목표였다. 그래서 그는 이슬람교도 건축가를 데려와 통북투에 건물들을 짓기 시작했고 대학과 사원들과 함께 지

어 유명한 이슬람 학자들을 불러 대학에서 가르치게 했다. 그 이후 이슬람교는 아프리카에서도 중요한 종교로 자리 잡게 되었다.

■ 사하라의 신비 통북투

2007년 새로운 세계 7대 불가사의를 정하기 위해 21개의 후보가 발표되었다. 그 가운데 말리 왕국과 송가이 왕국의 중심 도시였던 아프리카의 통북투도 이름이 올랐다. 비록 7대 불가사의 안에 들지는 못했지만 통북투는 사하라의 신비와 전설을 품은 불가사의한 도시이다.

■ 도시 전체가 세계 문화유산인 통북투

통북투는 현재 아프리카 서부의 말리 공화국에 있는 도시로 말리의 중부 지방에 위치해 있다. 통북투는 도시 전체가 유네스코가 지정한 세계 문화유산에 등록되었다. 14세기 경 모래뿐인 사막의 나라에서 진흙으로 벽돌을 만들어 거대한 도시를 건설했다는 사실은 참으로 놀랍고 불가사의한 일이다.

■ 책과 소금, 황금이 같은 무게로 거래되는 도시

통북투는 말리 왕국과 송가이 왕국 당시 아프리카의 중심도시였다. 이곳에는 세 개의 유명한 이슬람 사원인 상코레 사원, 시디 야히야 사원, 딩게레이베르 사원이 자리 잡고 있다. 서아프리카의 전통적인 진흙 건축 방식으로 만들어진 이슬람 사원들을 통해 통북투는 14세기~16세기동안 아프리카에서 이슬람 선교의 중심지 역할을 했다.
통북투는 종교 학교인 마드라사와 이슬람의 교리를 연구하는 대학이 위치한 학문의 중심지였다. 특히 세계에서 가장 오래된 대학 가운데 하나인 상코레 대학은 25,000명에 달하는 학생들이 공부를 했다고 한다. 당시 통북투는 책과 소금, 황금이 같은 무게로 거래된다는 말이 있을 정도로 학문이 발달한 도시였다.
13~16세기 동안에 걸쳐 유명한 학자들이 통북투에 자리를 잡고 이슬람 교리뿐만 아니라 다양한 학문을 전파했다. 이 학문의 번영기에 통북투에서 만들어진 수천 권의 서적들은 오늘날까지 남아 있어서 학자들의 호기심을 자극하고 있다. 통북투는 말리 왕국과 송가이 왕국의 통치 아래에서 소금과 금 등의 물품들이 활발히 거래되어 '사막의 항구'라고 불렸다.

■ 황금의 도시에서 역사의 뒤안길로

1828년 프랑스의 르네 카이에가 처음으로 이 도시의 실태를 알리기 전까지 화려한 번영의 도시 통북투는 많은 사람들에게 실제 존재하는 도시이기보다 전설과 신화 속에서 존재하는 환상의 도시로 여겨졌다. 그래서 통북투라는 말 자체가 '아주 머나먼 곳'이라는 뜻으로 쓰이기도 했다.
종교적, 문화적, 경제적, 중심지로서 통북투는 16세기 모로코군의 공격으로 송가이 왕국이 멸망하면서 쇠퇴하기 시작했다. 이후 포루투갈 인들이 새로운 항로를 개척하면서 무역의 중심지로서의기능을 완전히 잃었고, 결국 역사의 저편으로 사라지고 말았다.

Atlantic Coast

대서양 연안

대서양쪽 해변은 비옥하고 관개가 잘 된 평야와 고원이 자리하고 있다. 스페인과 포르투갈이 대항해 시대를 열면서 모로코의 탕헤르, 에사우이라, 세우타, 테투안 등의 도시들은 지배를 받기 시작했다. 스페인의 안달루시아와 비슷한 환경으로 대서양으로의 항해에서 전초기지를 담당할 정도의 비옥한 토지를 가지고 있다.
지금도 사피 인근으로 대규모 공장단지들이 들어서며 모로코 경제를 이끌고 있을 정도로 대서양 연안은 모로코 경제의 핵심적인 역할을 담당하고 카사블랑카Casablanca, 라바트Rabat, 아가디르Agadir는 대단히 현대적으로 변하고 있다. 에사우이라는 카이트서핑의 성지처럼 일정하게 강한 바람이 불어 휴양도시로 변하며 도시 곳곳은 공사가 진행 중이다. 대서양 연안도시들은 현대적인 분위기로 여행자에게는 모로코적인 옛 도시 분위기는 나지 않는다.

Rabat
라바트

RABAT

카사블랑카가 많은 사람으로 북적이는 대도시라면, 라바트는 수도이지만 조용한 느낌의 도시이다. 라바트는 모로코의 정치, 행정, 문화의 중심지로 왕이 머무르는 왕국과 정부 기관, 의회 등이 이곳에 있다. 라바트는 대서양 연안에 접해 있는 비교적 조용하고 차분한 느낌의 항구 도시이다. 라바트에는 시내를 한눈에 바라볼 수 있는 언덕에 세워진 하산 탑과 이슬람 사원 등 유적들이 많다. 특히 하산 탑은 라바트를 상징하는 건축물로 12세기 경 이 탑의 공사를 지휘했던 알모하드 왕조의 3대 왕이 죽으면서 미완성으로 남게 된 거대한 탑이다.

라바트는 섬유 공업이 발달하여 양탄자와 담요 등의 제품이 많이 생산된다. 또한 북부 아프리카에서도 가장 아름다운 도시 가운데 하나로 꼽힐 만큼 뛰어난 경치를 자랑하며, 주민의 대부분은 이슬람교를 믿고 있다.

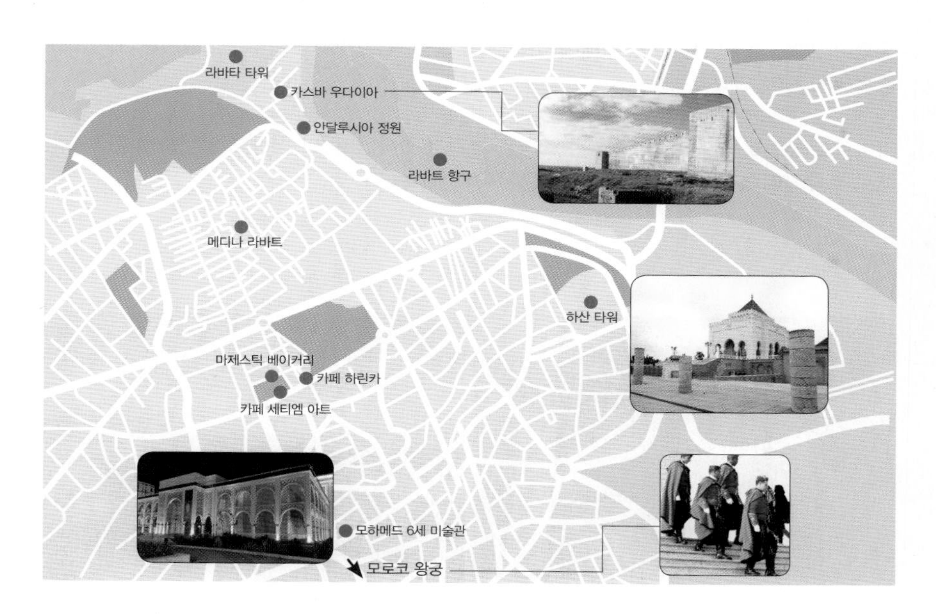

라바트 IN

카사블랑카에서 1일 여행으로 다녀오는 모로코 수도인 라바트Rabat는 기차역 주변에 주요 관광지가 몰려 있어 여행하기가 편하며 굳이 숙소를 라바트로 옮기지 않아도 될 정도로 접근성이 좋다.

핵심도보여행

루에 소우이카Rue Souika를 따라 가다가 루에 데 콘술스Rue des Consuls에서 북쪽으로 올라가 절벽에서 대서양을 내려다보고 있는 카스바 데스 우다이아까지 가보자. 우다이아 안에는 모로코 미술관이 있다. 이슬람 문화를 이해할 수 있는 좋은 기회이다. 들어가는 길에 1195년에 세워진 인상적인 알모하드 밥 우다이아 문을 통해 들어간다.

라바트의 가장 유명한 건물은 야쿱 알 만수르Yacoub al-Mansour에 의해 시작된 대 모스크의 불완전한 이슬람 탑이다. 1755년에 지진으로 파괴되어 불완전상태로 남아 있다. 같은 장소에 모하메드 5세의 왕릉이 있다.

성벽 너머에는 야쿱 알 만수르Ave Yacoub al-Mansour거리의 끝에 고대 로마 도시인 살라Sala의 유적이 있다. 라바트는 로마 지배에 이어 독립적인 베르베르 도시인 첼라, 이어 메레니드 왕족의 묘지가 되었다.

라바트도 서핑을 하기에 매우 좋은 조건을 가지고 있다. 바람이 강하고 일정하게 불어주기 때문에 유럽에서 서핑을 즐기러 오는 관광객이 많다.

라바트의 주요 볼거리는 메디나와 카스바에 모여 있다. 황토색 성벽으로 둘러싸인 메디나와 카스바는 특유의 옛 분위기와 함께 경치까지 올드하다. 카스바 내의 파란 가옥들은 셰프샤우엔보다 아름답다. 카스바 뒤로 펼쳐지는 해변은 멋진 사진을 찍기 위해 관광객들이 많이 찾는 장소이다.

모하메드 5세의 묘
Mausoleum of Mohammed V

라바트 동쪽에 있는 12세기에 지어진 하산 탑과 모하메드 5세 왕릉은 프랑스로부터 모로코를 독립시키기 위해 노력한 모하메드 5세의 시신이 있는 경건한 분위기가 느껴지는 묘이다. 라바트에 있으며 건물의 외관과 실내 장식이 매우 아름답다. 또 묘 주변에는 수십 개의 돌기둥들이 세

워져 있다. 모로코의 시민들은 휴일이나 특별한 기념일에 이곳에 와서 참배를 한다. 평소 북아프리카 역사에 관심이 많다면 라바트의 유적은 관심의 대상이 될 것이다. 정문에서 붉은색 제복을 입은 근위병과 기념 촬영도 가능하다.

위치_ 카사포트, 카사보야지스 역에서 기차로 1시간

하산 타워
Hassan Tower

라바트 여행에서 빼놓을 수 없는 관광지로 12세기에 높이 44m, 길이 16m로 건축되다가 중단된 미완성으로 남은 정사각형의 건축물이다. 하산 타워에도 왕궁처럼 근위병이 있기 때문에 근위병 옆에서 사진을 찍을 수 있다. 이곳의 백미는 해지는 일몰 때 내려다보는 시내 풍경이다.

가는방법_ 16번 버스와 그랜드 택시

모하메드 6세 박물관
Mohamed VI museum
and contemporary Art

모로코 국립 현대 미술관이라는 명칭이 더 어울리는 곳으로 하얀 현대적인 미술관이 눈에 띈다. 회화 작품이 인상적으로 색채는 더 화려하여 눈길을 사로잡는다.
지하, 지상 1, 2층으로 된 전시실은 잘 갖춰진 미술관이라는 사실을 알 수 있다. 피카소, 미로 같은 화가의 작품도 볼 수 있어 찾을 만하다. 다만 사진은 일부만 가능하므로 사전에 촬영이 가능한지 확인해야 한다.

홈페이지_ www.muaeummohammed6.ma
주소_ Avenue Mouley Hassen
시간_ 10~18시(화요일 휴관)
요금_ 20Dr
전화_ +212-5377-69047

카스바 우다이아
Kasba des Oudaia

모로코에서 파란 색의 주택 풍경은 쉐프샤우엔에서만 만날 수 있는 것은 아니다. 라바트 관광지는 라바트 왕궁의 모하메드 5세 묘만 찾는데 빠뜨리는 것이 아쉬운 장소이다.
라바트의 북쪽 성채인 카스바 우다이아 Kasba des Oudaia는 아름다운 풍경을 사진을 찍기에 안성맞춤이다. 예전에는 곡물 창고로 쓰였지만 지금은 라바트 시민들의 휴식장소이다. 최근에 일부 관광객이 찾으면서 인기를 끄는 장소이다.
모로코 어디를 가든 조금만 걸어도 가이드를 자청하는 남자들이 있는 데 처음에 가격을 흥정하여 결정하고 가이드를 따라가는 것이 좋다. 잘못하면 바가지를 쓸 수 있다.

주소_ Kasba des Ousaia
전화_ +212-6412-96684

라바트 근교의 셀라
Rabat suburb Chellah

셀라는 모로코의 옛 모습과 냄새, 소리를 경험할 수 있다. 성벽 안에는 1333년에 지어진 오래된 메레니드 메데르사Merenid Medersa가 있고 모스크가 옆에 있다.

가는방법_ 16번 버스와 그랜드 택시

EATING

센트럴 바자르(시장) 서쪽의 하산 2세 블리바드 앞에 있는 같은 지붕이 덮인 건물에는 작은 식당들이 몰려 있다.

카페 데 라 제우네세
Cafe de la Jeunesse

인기 있는 카페 데 라 제우네세Cafe de la Jeunesse에서 케밥, 칩, 샐러드, 빵 등을 먹을 수 있다.

레스토랑 데 라 리버레이션
Restaurant de la Liberation

칩, 야채와 함께 나오는 고기와 생선 요리가 인기 있다.

카페 레스토랑 아프리크 두 노르드
Cafe Restaurant Afrique du Nord

하리라가 맛있는 곳으로 유명하다.

다르 자키
Dar Zaki

모로코에서 가장 유명한 정통 모로코요리 전문점으로 현지인과 관광객이 항상 북적이는 곳이다. 저자가 모로코에서 먹은 타진 중에 가장

맛있는 타진요리를 먹은 곳이라고 생각한다.
2시간 정도를 점진적으로 온도를 높이면서 타진에서 가열되어야 재료의 풍미가 느껴질 수 있다고 이야기하는 곳이다.

주소_ 23 Rue MoulY Brahim Ancienne Medina
요금_ 45Dr~
시간_ 12~다음날 03시15분
전화_ +212-666-955920

코스모폴리탄 레스토랑
Cosmopolitan Restaurant

19세기 프랑스의 식민지배를 받은 대서양의 모로코 도시들은 프랑스요리 전문점이 있는데 그 중에 가장 유명한 레스토랑이다. 매일 재료를 들여와 당일에 모두 요리를 하고 끝마치기 때문에 신선하고 담백하게 먹을 수 있다.
비즈니스를 위해 오는 고객과 관광객이 항상 만원을 이루는 레스토랑이다. 겉은 누추해 보이지만 내부는 아늑하게 꾸며놓아 모로코 분위기에서 정통 프랑스요리를 먹는 이색적인 풍경이 연출된다.

주소_ Avenue Ibn Toumert Angle rue Abbou Abbas El Guerraoui**요금_** 45Dr~
시간_ 12~14시30분 / 19시30분~22시45분
요금_ 40Dr~
전화_ +212-5372-00028

라바트 OUT

버스 / 기차
버스 터미널은 시내에서 5㎞정도 떨어져 있어 30번 버스를 타거나 택시를 타고 들어와야 한다. 라바트 빌레Rabat Ville 기차역은 시내의 모하메드 5세 거리에 있다. 카사블랑카로 매일 매시간 1대씩 운행하고 있으며 탕헤르, 메크네스, 페스 마라케스 등으로 매일 기차가 운행한다.

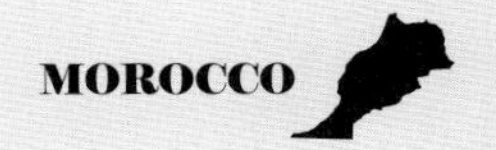

유럽 땅에 세운 첫 번째 이슬람 왕조, 후우마이야 왕조

우마이야 왕조가 멸망했을 때, 왕족들은 어떻게 되었을까? 우마이야 왕조의 마지막 칼리프 마르완 2세는 이집트로 도망갔다가 반란자들에게 살해당하고 말았다. 그러나 우마이야 왕조의 왕자인 압두르라흐반 1세는 자신을 따르는 무리를 이끌고 756년에 이베리아 반도에서 다시 우마이야 왕조를 열었다. 칼리프 직위는 빼앗겼지만 후우마이야 왕조가 시작된 것이다. 그런데 10시기 초 이슬람 제국에는 여러 칼리프가 등장하게 되었다. 압바스 왕조에 반기를 든 발란군이 이집트에 파티마 왕조를 세우고 스스로 칼리프라 칭했으며 이 소식을 들은 후우마이야 왕조의 압두르라흐만 3세도 스스로 칼리프라고 칭하기 시작했다. 그래서 칼리프가 3명 있었던 이 시기를 '세 칼리프 시대'라고 부르기도 한다.

우마이야 왕조 시대의 개막

661년 제 4대 칼리프 알 리가 살해되자, 그동안 알리를 반대하던 이들을 대표했던 우마이야 가문의 무아위야 1세가 칼리프 자리를 차지했다. 그는 알리의 지지 세력을 물리치고 힘을 키우기 위해 여러 조치를 취했다. 우선 알 리가 수도로 삼았던 쿠파를 떠나 자신이 총독을 지낸 시리아의 다마스쿠스에 새로운 수도를 건설했다. 또한 자신의 친족들을 여러 지역의 총독으로 임명하고, 칼리프 밑에 강력한 군대를 두어 반란을 막았다.
이렇게 힘을 키운 무아위야 1세는 다시 정복 전쟁에 나서 지금의 아프가니스탄과 우즈베키스탄 지역을 정복하고, 북아프리카의 대서양 연안까지 세력을 뻗쳤다. 게다가 비잔티움 제국을 공격해 수도 콘스탄티노플을 두 차례나 포위하기도 했다. 비록 정복에는 실패했지만 이러한 전쟁을 통해 아랍인들은 하나로 뭉칠 수 있었다. 그러나 무아위야 1세는 칼리프를 선출하던 원칙을 어기고, 자신의 아들을 후계자로 삼았다. 이로써 이슬람 왕조가 시작되었는데, 우마이야 가문에서 칼리프를 물려받았으므로 우마이야 왕조라고 한다. 그런데 칼리프 직위를 자손에게 물려주는 것은 여러 사람이 뜻을 모아 능력 있는 사람을 칼리프로 선출하던 이슬람 전통에 어긋나는 일이었다 그래서 불만의 목소리가 높아졌고 이는 결국 반란으로 이어졌다.

이러한 반란을 잠재운 사람은 우마이야 왕조의 제 5대 칼리프 압둘 말리크였다. 그는 군대를 앞세워 반란을 진압하고, 혼란스럽던 나라 안을 안정시키기 위해 여러 정책을 펼쳤다. 우선 행정 기구를 새롭게 정비하고, 공식 언어를 아랍어로 정했다. 이전까지 관리들은 페르시아에서는 페르시아어를 시리아에서는 그리스어를 사용했는데, 이제 아랍어를 사용하게 되었다. 아랍어를 못하는 관리들은 자리에서 쫓겨나기도 했다. 그리고 새로 금화와 은화를 만들어 화폐 제도를 통일시켰다. 그 전까지는 각 지방마다 서로 다른 화폐를 썼는데, 이슬람 제국의 공식 화폐가 등장함에 따라 중앙 정부의 영향력은 더욱 커졌다. 또한 이슬람교를 더욱 활발히 전파하기 위해 다마스쿠스와 예루살렘, 카이로를 비롯한 정복지 곳곳에 이슬람 모스크를 많이 세우기도 했다. 결국 압둘 말리크에 의해 이슬람 제국은 강력하고 체계가 잡힌 국가로 기틀을 잡을 수 있었다.

이슬람의 미술

아라베스크 무늬
기하학적인 직선 무늬나 덩굴무늬를 교묘하게 배열하여 세련된 무늬를 만들어 냈다.

일찍이 메소포타미아 문명을 꽃피웠던 중동 지역은 페르시아 제국을 중심으로 문화와 예술을 발전시켜 오다가 이슬람교의 성립과 함께 큰 변화를 맞이했다. 7세기에 아라비아 반도에서 생겨나 세계 종교로 발전한 이슬람교는 이슬람 제국의 발전과 함께 유럽, 아프리카, 동남아시아 지역으로까지 전파되어 미술에 많은 영향을 끼쳤다.

이슬람교는 우상 숭배를 엄격하게 금지했기 때문에 신이나 인간을 비롯해 새, 짐승 등 살아있는 것을 표현하거나 만드는 것을 금지 했다. 그래서 이슬람의 예술가들은 그림이나 공예품에서 사람과 동물을 있는 그대로 표현하지 않고 추상적으로 묘사했다. 이러한 표현은 '아라베스크'라고 하는 나뭇잎과 굽이치는 줄기로 이루어진 독특한 무늬로 발전했는데, 이 장식은 10세기부터 모든 이슬람 국가의 미술에서 나타나는 공통 요소가 되었다. 이슬람 미술의 또 다른 특징은 아랍어 서체를 여러 곳에 사용한 것이다. 화가들보다 서예가들이 좋은 대우를 받았던 이슬람 사회에서 서예가들은 수많은 아름다운 서체를 만들어 냈다.

이슬람 미술가들은 건축 분야에서 가장 창의력을 발휘했는데 특히 이슬람교의 사원인 모스크나 궁전, 시장 같은 공공건물을 짓는 기술이 뛰어났다. 건축의 재료는 돌 또는 벽돌이

지만 안팎의 벽면은 아라베스크 무늬나 아랍어가 쓰인 화려한 장식 타일(모로코 물레이 이 그리스의 미나렛)로 꾸며졌다. 분수가 있는 아름다운 안뜰과 천장과 벽면을 아라베스크 무늬로 장식한 카사블랑카의 하산 2세 모스크, 페스의 카라윈 모스크와 스페인, 알함브라 궁전의 방들은 매력이 넘친다.
이슬람 공예가들은 나무를 새겨 복잡한 도안을 만들어내는 데 뛰어났다. 문, 상자, 천장, 액자, 설교단 등을 멋진 무늬로 조각해 장식했다. 또한 양탄자 짜기를 하나의 미술로 발전시켰는데 길이가 짧은 여러 가지 털실이나 비단실로 매듭을 지어 특수한 모양을 만들었다. 유리 공예도 발달했는데, 고대부터 내려온 유리 세공법을 사용해서 등잔, 음료 그릇, 꽃병, 창문 따위를 만들었다.
종교화가 발달하지 못한 반면, 책에 그려진 장식 그림은 매우 아름답다. 시집과 산문집 같은 책 속에는 세밀화들이 그려졌다. 또한 '쿠란'에는 사람이나 동물의 형상을 묘사하는 장식 대신 경전의 본문 둘레에 세련된 소용돌이무늬와 꽃무늬를 장식했다.

Casablanca

카사블랑카

CASABLANCA

아름다운 항구 도시 카사블랑카는 라바트 남쪽의 대서양 연안에 있는 모로코 제1의 도시로 '하얀 집'이라는 뜻이다. 이곳은 14세기 포르투갈 인들이 항구를 건설한 이후 급성장하여 긴 역사를 담고 있다. 다른 나라들과의 무역이 대부분 이 도시를 통해 이루어지며, 섬유, 전자, 통조림, 음료 등의 공업이 발달했다. 도시 외곽에는 모로코의 국제공항이 있고 다른 도시들과는 철도와 도로로 연결되어 있다. 카사블랑카는 상업 도시이면서 수많은 해수욕장과 공원이 있어서 세계적인 휴양지로도 유명하다. 모로코의 수도를 라바트가 아닌 카사블랑카로 착각할 정도로 모로코를 대표하는 국제도시다.
시내는 다소 지저분하기도 하지만 카사블랑카는 국제적인 도시의 면모를 갖추고 있으며 2013년, 새로 생긴 노면 전차가 유럽의 어느 도시를 연상시킬 정도로 국제화되어 있다. 또한 이슬람 세계에서 가장 자유로운 도시로 알려져 있다.

역사

16세기에 포르투갈 식민지가 되어 1755년까지 지배를 받았고 프랑스 보호령의 총독이던 랴우티Lyautey가 카사블랑카에 넓은 대로와 공공 공원, 프랑스 식민지 스타일과 전통적인 모로코 스타일이 혼합된 양식의 인상적인 마우레스크Mauresque도시 건물들을 지으면서 부흥기를 맞이하였다.

카사블랑카 IN

우리나라에서 모로코가 가는 직항은 없다. 대부분 프랑스 파리를 경유해 카사블랑카로 가지만 최근에 카타르 도하를 통해 가는 카타르항공편이 많이 늘어나고 있다. 유럽에서는 네덜란드를 통해 가는 경우와 중국동방항공도 이용할 수 있다.

모하메드 국제공항

모로코에서 가장 큰 국제공항으로 전 세계에서 모로코로 오는 거의 모든 항공은 카사블랑카로 입국하게 된다. 유럽의 저가항공은 마라케쉬로 가는 항공을 주로 이용하지만 저가항공 외에는 카사블랑카로 들어오기 때문에 카사블랑카가 수도라는 착각을 많이 하게 된다. 모하메드 국제공항은 인천공항에 비하면 턱없이 작지만 꽤 큰 규모를 자랑한다.

국내선

카사블랑카에서 주요 노선이 운영 중인데 대부분 국내선은 많이 이용하지는 않는다. 비즈니스 고객이 주로 이용하지만 비즈니스 고객은 많지 않다. 모로코 정부는 관광산업의 개발에 역량을 집중하기 위해 국내선을 활성화해 유럽 관광객 유치를 목표로 하고 있다.

입국심사

모로코 공항 입출국 심사가 의외로 까다롭다. 1시간 이상 줄을 서서 대기하기도 하니 미리 마음의 준비를 하는 것이 좋다. 최근에 테러 때문에 더욱 까다로워지는 편이다. 때문에 반대로 출국할 때도 최소한 2시간 전에 공항에 도착하는 편이 좋다.

공항에서 시내 IN

카사블랑카 국제공항 지하에 시내로 연결되는 전철이 1시간 간격으로 출발한다. 다른 공항에서는 택시grand taxi를 타고 시내로 이동한다.

시내교통

모로코의 수도는 라바트Rabat이지만 경제의 수도역할은 카사블랑카Casablanca가 하고 있다. 시내교통도 트램을 최근에 운행하여 더욱 독특한 분위기를 연출하고 있다. 다만 관광지가 많지 않아 버스나 트램을 탈 경우가 거의 없다. 트램은 시민들의 발 역할을 하지만 관광객이 새로워 타기도 한다.

카사블랑카 시내 IN

카사블랑카의 마호메트 5세 국제공항은 카사블랑카의 남쪽으로 30㎞ 정도 떨어져 있다. 공항에서 시내로 이동하려면 택시, 기차, 버스를 이용할 수 있다. 관광객이 가장 많이 이용하는 교통수단은 기차이다.

택시

택시는 공항 밖에서 24시간 이용할 수 있다. 반드시 택시에 오르기 전에 미리 시내까지의 비용을 택시기사와 확인해야 한다.

철도

기차(www.oncf.ma)는 공항 승강장에서 카사블랑카 항구와 도심까지 운행된다. 소요시간은 약 45분으로 가장 정확하게 시내로 이동하는 방법으로 관광객이 가장 많이 이용하고 있다. 철도를 이용하면 도시를 가장 쉽고 편안하게 여행할 수 있다. 카사블랑카에 도착한 후에는 도시 간 교통편을 통해 숙소로 이동할 수 있다.

버스

버스는 시내까지 이동하는 버스가 시간대별로 있다. 카사블랑카에서 시내로 이

CTM버스

CTM프리미엄버스

터미널 풍경

카사블랑카, 마라케쉬

버스터미널의 규모가 커서 먼저 버스티켓부터 사야한다. 짐의 무게를 재고 수하물 요금을 내고 부치는 부스는 한쪽에 따로 있다. 큰 터미널이라 탑승시간이 가까워져야 짐을 부칠 수 있고 맡겨진 짐은 버스별로 모아서 작은 이동용 수레에 올리는 사람도 따로 있다.

에사우이라, 쉐프샤우엔, 탕헤르

버스티켓 카운터와 짐 카운터가 바로 옆에 있어서 함께 처리를 해준다.

동하지 않고 마라케쉬 같은 다른 도시로 이동하는 경우도 꽤 있다.
모로코 국영버스인 CTM^Compagnie des Transports Marocains^은 규모도 크고 노선도 다양해서 여행자들이 많이 이용한다.
수프라투어 버스Supratour bus은 모로코 철도국에서 운영하기 때문에 모로코 기차 노선과 노선이 일부 비슷하다. 비행기에 탑승하는 것처럼 큰 짐은 따로 부치고 수하물 요금도 무게에 따라 내야 한다.(20kg이내면 5~10 디람(DH) 정도) 가끔씩 배낭이 분실되는 경우가 발생하기 때문에 짐이 어떻게 있는지를 살펴봐야 한다.

렌트

자동차를 렌트하려면 카사블랑카 마호메트 5세 국제공항에서 차량을 인도받을 수 있다. 영업 중인 자동차 렌트 회사는 Avis, Budget, Europcar, Hertz, National, Sixt, Thrifty 및 기타 현지 업체 등이다. 공항에서 CMN방향으로 카사블랑카 도심에서 A7 고속도로를 따라 마라케쉬Marrakech로 이동할 수 있다. 카사블랑카 북동쪽에서 N9 노선을 타고 세타트Settat로 향할 수도 있다. 공항을 가리키는 표지판이 도로에 영어로 설치되어 있다.

공항시설

공항의 제1, 2터미널에는 환전이 가능한 은행이 있으며 현금 자동 인출기(ATM)가 설치되어 있다. 모로코 디르함은 반출이 법으로 금지되어 있어 외국에서는 거래가 불가능하다. Wi-Fi는 제1,2터미널에서 이용할 수 있다.

레스토랑

카사블랑카 마호메트 5세 국제공항의 음식점은 제1, 2터미널에 모여 있다. 제1터미널에는 앉아서 식사할 수 있는 전통음식 레스토랑부터 피자까지 여러 음식을 먹을 수 있다. 모든 터미널에는 모로코 예술품 및 공예품에서 전자제품 및 패션 상품에 이르는 다양한 상품을 판매하는 면세점이 있다. (담배와 주류는 유로로만 구입할 수 있으며 모로코 화폐인 디람(DH)은 사용할 수 없다.

비즈니스 고객을 위한 공항 호텔

Atlas Sky Airport

공항 구내에 위치한 Atlas Sky Airport는 실외 수영장, 회의 시설 및 스파를 갖춘 4성급 호텔이다. 무료 조식 부페, 주차 및 Wi-Fi를 이용할 수 있으며 호텔 레스토랑에서는 모로코 음식을 제공한다.

▶**전화_** +212 5 2253 6200
▶**홈페이지_** www.hotelsatlas.com

Relax Airport Hotel

Atlas Sky Hotel 옆에 있는 Relax 호텔은 에어컨을 갖춘 객실, 실외 수영장 및 호텔 내 레스토랑을 제공한다. 투숙객에게는 무료 조식 부페, Wi-Fi 및 일광욕 테라스가 제공됩니다. 공항으로 출발하는 셔틀버스가 30분마다 운행하고 있다.

하산 2세 모스크
Hassan II Mosque

구시가의 북쪽 끝에서 대서양을 내려다보고 있는 아름다운 하산 2세 모스크Hassen II Mosque는 카사블랑카의 상징이다. 비 이슬람교도에게도 공개되니 반드시 찾아가 보자. 영어로 통역가이드가 가능하며, 금요일을 제외하고는 매일 입장이 가능하다. 하산 2세가 국민에게 성금을 걷어 1993년에 완공한 이슬람 사원. 모로코에서 가장 크고 세계에서 3번째로 규모가 큰 사원이다.

210m 높이의 탑과 2만 5000명을 수용할 수 있는 사원 내부, 뚜껑이 열리는 지붕이 인상적이다. 스페인 그라나다의 알람브라 궁전에서 볼 수 있는 무어 양식을 이곳에서도 발견할 수 있다. 바닥이 유리로 되어 있어 파도 소리를 들으면서 기도할 수 있는 것도 특으로 이슬람교를 믿지 않는 외국인은 정해진 시간에 투어를 통해 내부를 둘러볼 수 있다.

모스크의 아름다운 사진을 찍기 위해서는 모스크 옆에 펼쳐진 방파제로 가야 한다. 왼쪽에는 카사블랑카 붉은 등대, 오른쪽에는 하산 2세 모스크가 있고, 앞에는 대서양을 볼 수 있다. 해지는 시간에 찾으면 하산 2세 모스크와 대서양과 만나 해지는 노을을 감상할 수 있다.

위치_ 카사포트 역에서 도보 15분
주소_ Rue de Tiznit, Casablanca 20000 Morocco
입장시간_ 09:00, 10:00, 11:00, 14:00
입장료_ 120디람
홈페이지_ www.mosquee-hassan2.com
전화_ +212 5224 82886

카사블랑카 등대(Casablanca El Hank Light House)

하산 2세 모스크와 함께 카사블랑카에서 가장 유명한 등대이다. 카사블랑카의 서쪽에 보이는 등대가 가까워 보이지만 걸어서 가기에는 먼 거리이다. 택시를 타고 이동하는 것이 좋으며 해지는 일몰의 풍경이 아름다워 사진 찍는 포인트로 많이 활용된다. 또한 아침에 안개에 갇힌 카사블랑카 등대의 모습도 상당히 아름답다.

아인 디아브 해변
Ain-Diab beach

여름에는 매우 붐비는 해변이지만 특색은 없다. 9번 버스가 비치까지 운행을 한다.

마자간의 포루투갈의 요새
Portuguese City of Mazagan

모로코 카사블랑카에서 90㎞떨어진 곳에 있는 유적지로, 지금은 엘 자디다 시에 편입되어 있다. 16세기 초에 식민지 요새로 건설된 이곳은 인도로 가는 길에 위치한 포르투갈 탐험가들의 초기 정착지 중 하나로 건축, 기술, 도시 설계에서 유럽과 모로코 사이의 문화 교류를 잘 보여 준다.

올드 시티, 메디나
Medina

현대적인 카사블랑카에서 옛 분위기를 느끼려면 다른 도시처럼 성곽 안에 위치해 있는 메디나로 가야하고 모로코의 메

디나에는 차량이 진입할 수 없다. 페스나 마라케쉬의 메디나에 비하면 규모는 작아서 실망할 수도 있을 것이다.
골목을 누빌수록 오랜 역사와 현지인의 일상을 볼 수 있는 메디나는 이국적인 향기를 느낄 수 있다. 규모가 작아서 혼자서 지도가 없어도 충분히 다닐 수 있다. 다른 도시의 메디나도 마찬가지이지만 외국인 여행자가 나타나면 관심을 보이는 현지인들이 많다. 길 안내를 해주겠다면서 접근하는 이들은 항상 조심해야 한다.

위치_ 카사포트 역에서 도보 5분
주소_ North-west corner of Place des Nations Unies, Casablanca Morocco

모하메드 5세 광장
Place des Nations Unies

카사블랑카에서 가장 혼잡한 광장으로 시장과 거리 공연에 출, 퇴근 시간에는 혼잡한 도시의 모습을 볼 수 있다. 활기차다는 느낌과 번잡해 아름다움을 잃어버렸다는 이야기가 동시에 나오는 장소이다. 유럽인들이 많이 오가는 것을 보면 다른 도시와 다르게 국제적인 도시라는 느낌을 받는다.

주소_ Centre Ville Casablanca 20250 Morocco

아브데르흐만 슬라우이 박물관
Musee Abderrahman Slaoui

작은 길가에 있어 찾기가 쉽지는 않은 박물관으로 전시회장을 선택하여 볼 수 있다. 보석과 도자기 등 상시 전시물보다는 기획전을 볼만하다. 모로코의 예술적인 감각을 볼 수 있는 좋은 기회가 될 것이다.

주소_ 12 Rue Du Parc, Casablanca Morocco
전화_ +212 5222-06217

마흐카마 두 파차
Mahkama du Pacha

1850년대에 무어 스타일의 아름다운 술탄의 궁전이다. 내부는 분수와 아름다운 정원의 궁전을 가지고 있으며 전형적인 모자이크와 조각은 아름다운 건축물을 장식하고 있다. 인근의 카사블랑카의 하부스Habous가 있어서 서민과 대조적인 양식을 비교할 수 있다.

카사블랑카 대성당
Casablanca Cathedral

독립 후에 남아있는 가장 눈에 띄는 성당 중 하나로 전형적인 로마 가톨릭 성당으로 고딕양식으로 지어졌다. 하지만 지금은 보수 공사가 안 되어 방치되는 수준으로 되어 있다.

주소_ Angle rue d'Alger et boulevard Rachdi, quartier Gautier, Morocco
전화_ +212 661-365954

모로코 노틀담 교회
Eglise Notre Dame De Lourdes

이슬람교를 믿는 국가에 특이하게 가톨릭 교회가 있다는 사실 자체가 신기하다. 프랑스의 식민지 시절에 프랑스 파리의 노틀담 성당을 본 따서 비잔틴과 고딕양식으로 만들었다. 국제적인 카사블랑카

에 유럽 관광객과 비즈니스를 위해 방문하는 사람들은 교회를 방문할 수 있다. 파리의 노틀담 성당과 다르게 현재적인 건물이지만 내부의 스테인드글라스가 밝은 분위기를 연출한다.

주소_ Casablanca 20250 Morocco
전화_ +212 665 252528

EATING

카페 시나드
Cafe Sinad

지중해 요리를 전문으로 하는 카페로 유럽 관광객이 많이 찾는 곳으로 모로코적인 분위기의 식사보다 유럽스타일의 빵과 요리가 강점인 음식점이다. 특히 프랑스 관광객이 주 고객이다.

주소_ 19 Rue Omar Riffi, Casablanca
전화_ +212 540 05 60 51

카페 드 프랑스
Cafe de France

카사블랑카에는 프랑스 식민지시기의 프랑스인들이 드나들던 카페가 지금도 이어지고 있는데 그 대표적인 카페가 이곳이다. 빵과 커피 등 모든 음식들이 프

랑스풍이기 때문에 유럽의 관광객이 주로 찾는 곳이다.

주소_ Place des Nations Unies Ang. Mohamed V, Casablanca
전화_ +212 5222-75009

커피숍 컴퍼니
Coffeeshop Company

모로코에서 가장 커피맛이 좋은 곳으로 정평이 난 커피전문점이다. 모로코에는 커피만 전문으로 하는 커피 전문점이 거의 없는데 이곳은 몇 개 안 되는 커피전문점으로 커피맛이 세계 어디에 내놔도 맛있는 커피를 판매하고 있다.

주소_ 9 Rue Ibnou Babek Quartier Racine, Casablanca
전화_ +212 5229-47547

서울 가든
Seoul Garden

모로코에서 가장 유명한 한식당으로 1층에는 불고기, 2층에는 한식을 주로 먹게 된다. 전통 한복과 부채 등 한국을 알리는 볼거리가 많아 누구에게나 인기가 있다. 인기 메뉴는 단연 쇠고기 볶음, 여행 중인 대한민국 여행자는 비빔밥과 닭볶음탕을 가장 좋아한다. 모로코는 술을 마실 수 없는 데 서울 가든Seoul Garden 에서는 술을

마실 수 있다는 사실 때문에 술과 장어구이를 먹으러 한번은 가보는 식당이다.

주소_ 6 Rue Asslim Quartier Racine, Casablanca
시간_ 11~22시
요금_ 단품 55Dr~
전화_ +212-5223-97776

릭의 카페
Rick's Cafe

영화 카사블랑카를 본 여행자는 누구나 찾는 카페로 카사블랑카의 분위기를 인테리어에 녹여냈다. 피아노가 한쪽에 놓여있고 남자 주인공인 험프리보가트가 잉그리드 버그만과 사랑하는 대화를 하는 공간을 재현해 놓았다. 19세기 말의 분위기를 보여주기 때문에 여행자의 발길은 끊이지 않는다. 다만 프랑스요리와 지중해 요리가 주 메뉴이고 분위기가 좋기 때문에 가격은 매우 비싸다.

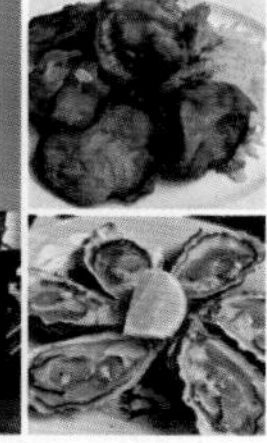

주소_ 248 Boulevard Sour Jdid, Casablnca
시간_ 12~15시 / 18시 30분~다음날 01시
요금_ 단품 75Dr~
전화_ +212-5222-74207

라 스칼라
La Sqala

메디나 안에서 상당히 유명한 식당으로 시민들과 여행자가 섞여 항상 북적인다. 연인들은 테라스에서 데이트를 하고 식당 안에 있는 대포가 마치 유적지에서 식사를 하는 듯한 느낌을 받게 한다.
타진과 쿠스쿠스가 대표적인 요리인데 닭고기 타진이 가장 한국인의 입맛에 맞다. 모로코 인들이 식사를 늦게 하기 때문에 오전에는 한적하기 때문에 여유로울 것 같지만 음식준비가 잘되지 않아 주문 후에 늦게 요리가 나온다는 사실을 감안해야 한다.

주소_ Boulevard des Almohades
시간_ 8~23시
요금_ 타진 50Dr~
전화_ +212-5222-60960

SLEEPING

뫼벤픽 호텔 카사블랑카
Movenpick Hotel Casablanca

모로코에서 안전과 편의성, 위치를 다 갖춘 좋은 호텔을 원한다면 추천하는 5성급이지만 가격은 4성급 정도의 호텔이다. 카사블랑카의 업무 지구에 위치해 비즈니스 고객이 이동하기에 좋고, 시내 중심지의 메디나와 인접해 카사블랑카를 여행하기에도 편리하다. 조식까지 더할 나위 없이 부족함이 없어 부부여행자가 편하게 지내기를 원한다면 추천한다.

주소_ Rond-Point Hassan 2, City Centre, 20000 Casablanca
요금_ 더블룸 143유로~
전화_ +212 5224-88000

베스트 웨스턴 호텔 투브칼
Best Western Hotel Toubkal

카사블랑카는 호텔의 가격이 다른 모로코 도시보다 비싼 편이다. 비즈니스 고객

을 위한 호텔이 상업 지구에 몰려 있다. 중심부에 위치한 역사적인 호텔로 올드 메디나, 항구, 하산2세 모스크, 쇼핑센터와 인접해 여행하기가 편리한 호텔이다.
직원은 친절하나 영어소통이 어려운 직원도 있다. 투숙객은 비즈니스 고객이 대부분이지만 한국인도 많이 찾는다. 상당히 깨끗하고 지만 방마다 청결도는 조금 차이가 있다. 조식을 배부르게 먹을 수 있다는 점도 장점이다.

주소_ 9, Rue Sidi Belyout, Avenue Des Far 20000 Casablanca
요금_ 더블룸 83유로~
전화_ +212 5223-11414

멜리버 아파트 호텔
Melliber Appart Hotel

하산 2세 모스크가 호텔에서 보이는 최고의 전망을 가진 아파트형 호텔로 한국인의 인기를 얻고 있다. 호텔에서 간단한 식사를 해 먹을 수 있다.
5분이면 걸어서 하산 2세 모스크를 볼 수 있어 야경도 직접 볼 수 있는 호텔로 조식이 뷔페로 나와 자신이 원하는 만큼 먹을 수 있어 편리하다.

주소_ Boulevard Youssef, angle rue Tiznit, 20000 Casablanca
요금_ 더블룸 78유로~
전화_ +212 5224-96496

아스토리아
Astoria

방음이 안 되고 낡은 시설의 오래되어 에어컨이 없는 호텔이지만 저렴하여 한국인이 많이 찾는다.
친절한 직원과 내부의 시설은 깨끗하고 조식이 풍성하게 나온다. CTM 트램 역에서 가까워 기차역에서의 이동이 쉽지만 중심 지구에 있어 밤까지 시끄러워 조용한 분위기의 호텔을 원한다면 추천하지 않는다.

주소_ 63 Rue Azilal, City Centre, 20090 Casablanca
요금_ 더블룸 29유로~
전화_ +212 5223-05701

카사블랑카 OUT

CTM버스는 라바트를 제외하고 먼 다른 도시를 가고 싶다면 버스가 편리하다. 여행자들이 애용하는 이동 수단인 기차는 다른 도시와 다르게 카사블랑카에서 라바트로 이동할 때는 열차편이 많아 선택의 폭이 넓어서 버스보다 기차가 편하다. 모로코 기차는 좌석이 편한 1등석과 객차당 8명이 함께 타는 2등석으로 나뉜다. 북적거리는 게 싫으면 1등석을, 현지인과 어울리겠다면 2등석을 선택하면 된다.

Essaouira
에사우이라

ESSAOUIRA

에사우이라Essaouira는 모로코에서 배낭 여행자에게 가장 인기 있는 해변 마을 중 하나이다. 멋진 해변에서는 윈드 서핑을 즐기고 있어 더욱 여유로운 기분을 만끽할 수 있다. 에사우이라의 성채와 굳건한 마을 성벽은 포르투갈, 프랑스, 베르베르의 군사 건축 양식이 섞여 있어 관광객들의 관심이 높다. 조용한 광장 안에서는 친절한 카페와 작은 목공예 공방을 볼 수 있다.

살라스
Sallas

마을에서 바다를 향해 지어진 성벽을 따라 거의 대부분 길을 산책할 수 있으며 그 안에 있는 성채인 살라스Sallas는 낮 동안 들어갈 수 있다.

성벽
City Walls

에사우이라Essaouira 성벽은 대서양을 마주하고 있어 관광객이 많이 찾는 장소이다. 북쪽으로 이어진 성벽은 통로를 따라 걸어가면 아치형 문이 나오고 구시가인 메디나Medina에 이어진다.
16세기부터 이어진 에사우이라Essaouira의 포르투갈과 스페인의 통치는 유럽적인 풍경과 이슬람이 만나는 아름다운 풍광을 담아내지만 곳곳에는 세월의 흔적을

가진 무너진 성벽들이 보인다. 골목골목마다 담아낸 파란색 분위기는 어디서든 아름다운 사진을 간직할 수 있다.

주소_ 17 Rue Elhadada City Walls
시간_ 9~18시
요금_ 10Dr~
전화_ +212-678-156271

메디나
Medina

메디나를 가로지르는 모하메드 벤 압델라 Avenue 냐야Mohamed Ben Abdellah거리 양쪽으로 재래시장이 나온다. 다른 모로코의 시장처럼 생필품과 양고기 등을 판매하지만 입구에는 관광객을 대상으로 기념품을 판매하고 있고 레스토랑이 지친 관광객을 잡는다.
마라케시 메디나보다 상대적으로 관광객이 적기 때문에 유럽의 분위기를 느낄 수 있고 바다가 옆에 있어 쾌적하다. 하지만 입구가 음식가격이 가장 비싸고 안으로 들어갈수록 저렴해지니 반드시 흥정을

하고 식사를 하는 것이 좋다.
가까운 곳에 아르간 오일을 제조하는 공장들이 있기 때문에 아르간 오일도 많이 판매하고 있다. 에사우이라Essaouira 오르간 가격은 비싼 편이기 때문에 사전에 가격을 확인하고 구입하는 것이 좋다.

주소_ Beach Essaouira Beach

물레이 하산 광장
Moulay Hassan Square

항구부터 이어진 넓은 광장은 현지인의 삶의 장소이자 휴식의 장소이다. 항상 많은 사람들이 오가고 다양한 공연이 관광객의 시선을 사로잡는다.
바닷가 근처에 있는 만큼 갈매기가 광장에 있는 이색적인 모습도 바라볼 수 있다. 해안도시인 만큼 해산물 상점들과 아프리카 최대의 오렌지 생산국인 모로코의 오렌지도 맛볼 수 있다. 마라케시에서 오렌지주스를 맛보지 못한 여행자는 에사우이라에서 꼭 맛보기를 권한다.

박물관
Museum

작은 박물관에는 보석, 의복, 무기, 악기, 카페트 등이 전시되어 있다. 8시 30분~18시까지 수요일에서 월요일까지 입장이 가능하다.

시타델
Citadal

해안에서 포르투갈 문을 통과해 서쪽으로 이어진 성벽을 따라가면 대항해 시대의 포르투갈부터 스페인까지 도시를 방어하기 위해 만들어진 작은 도시를 만날 수 있다.
그 옛날 도시를 지키며 서 있는 성벽과 대포의 시타델은 대서양을 보면서 휴식을 취하는 장소가 되어 있다. 해안으로 더 가까이 가면 타워가 있고 한적하고 아름다운 대서양의 모습과 돌아서 성벽 안으로 메디나 안의 많은 현지인의 바쁜 생활을 동시에 볼 수 있다.

10km 해변

해변은 캡 심Cap Sim의 모래 언덕까지 이어진다. 에사우이라Essaouira 윈드서핑 기구를 빌리는 것도 가능하다.

EATING

간단한 음식을 먹으려면 밥 코우칼라Bab Coukkala바로 안과 루 모하메드 벤 압달라Rue Mohammed ben Abdallah와 루 제르크토우니Rue Zerktouni를 따라서 많은 노점상들이 늘어서 있다.

트리스칼라 카페
Triskala Cafe

퓨전요리를 전문으로 하는 카페로 해산물을 유럽식으로 요리했다고 이야기해주었다. 하지만 퓨전요리가 오묘한 맛을 내는 것 같지만 맛은 있다. 유럽 관광객이 주로 찾는 카페로 푸짐한 양이 나오기 때문에 1인당 하나의 요리를 주문하면 남길 가능성이 높다.

주소_ Rue Touahen Medina-tout pres de Sqala
시간_ 12시 30분~23시
요금_ 40Dr~
전화_ +212-643-405549

드 코에우르
Restaurant du Coeur

타진 안에 토마토가 들어가 해산물을 쪄서 나오는 요리는 담백하게 먹을 수 있다. 이탈리아 요리를 전문으로 한다고 이야기하지만 타진요리가 더 많이 요리되어 나오는 것을 보고 의아하게 생각이 될 수 있다. 잘 구워진 생선요리가 누구나 좋아하는 메뉴이다.

주소_ Rue El Hajjali
시간_ 12~23시
요금_ 40Dr~
전화_ +212-667-645373

더 로프트
The Loft

해산물 전문요리점으로 유럽관광객이 주로 찾는 레스토랑이다. 채식주의자를 위한 요리가 다수이기 때문에 담백한 요리가 주를 이룬다. 내부 인테리어도 유럽식으로 모로코적인 레스토랑은 아니다. 깔끔하게 나오는 요리는 먹음직스럽게 보여 저절로 손이 간다.

주소_ 5 Rue Hajjali
시간_ 12~23시 **요금_** 30Dr~
전화_ +212-5247-84462

이슬람 문화가 남긴 유산

이슬람 문화권을 만들어낸 이슬람교

7세기 초에 무함마드가 아랍인들에게 전한 이슬람교는 후대에 걸쳐 빠른 속도로 확산되었고, 오늘날에는 크리스트교, 불교와 함께 세계 3대 종교의 하나로 손꼽히고 있다. 특히 이슬람교는 신자들의 생활과 밀접하게 연관되어 있을 뿐만 아니라 학문이나 예술에 있어서도 이슬람교만의 독특한 양식을 만들어냈다.

서양의술을 발전시킨 "의학대전"

철학자이자 의사인 이븐 시나는 이론과 임상 실험을 거쳐 의학서 '의학대전'을 펴냈다. 이것을 1279년 시칠리아에서 사는 크리스트교 의사가 라틴어로 번역하였다. 이 책은 600년 넘게 유럽의 의학 교육에 중요한 역할을 했다.

화학의 발달을 가져온 연금술

연금술은 금속이 아닌 것에서 귀금속을 얻는 방법을 연구하는 학문이다. 기원전에 로마 제국의 알렉산드리아에서 시작되었다. 8세기, 이슬람 학자들은 의학과 화학에 기초를 두고 연금술을 연구했다. 이슬람의 연금술 연구는 근대 이후 유럽의 화학 발전에 밑거름이 되었다.

스콜라 철학에 영향을 미친 이슬람 신학

이슬람 신학은 쿠란의 해석, 무함마드의 가르침 연구, 이슬람 법 연구 등 세부 학문으로 나뉘어 있다. 이슬람 신학자들이 체계적으로 정리한 아리스토텔레스의 관념 철학은 나중에 유럽 스콜라 철학의 탄생에 영향을 미쳤다.

세계 지리에 눈뜨게 해 준 지도

이슬람은 지리학과 천문학 연구를 토대로 뛰어난 지도를 만들 수 있었다. 특히 프톨레마이오스의 지리학에 영향을 받아, 점과 선, 면으로 행정 체계, 도시, 교통로를 표현하는 지도를 만들기 시작했다. 중세의 유명한 이슬람 지리학자 이드리시는 세계 여러 지역의 지도 70여 장을 완성했다.

아르간오일의 비밀

마라케쉬에서 에사우이라를 가는 도로에서 도로의 가로수처럼 볼 수 있는 것이 아르간 나무이다. 또한 많은 아르간 오일을 파는 큰 상점들을 볼 수 있다. 모로코여행에서 누구나 아르간오일을 쇼핑하는 것은 이제 흔한 일이다. 모로코여행의 쇼핑품목에 꼭 들어가는 아르간오일은 어떻게 탄생할 수 있었을까?

아르간 나무는 사하라 사막에서 열대 나무과에 속하는 나무로 모로코 남동부 대서양을 마주하고 있는 바닷가에서부터 광범위하게 퍼져 아르간 숲을 이루고 있다. 아르간 나무는 바닷가부터 약 1,500m 높이의 고지대까지 자라며 아틀라스 산맥 기슭에서 주로 생존한다. '아르가나'라는 지명도 있는데 아르간 나무들의 서식지라는 뜻이다. 아가디르와 에사우이라 사이에 위치한 숲은 큰 군락지가 되어 약80,000ha가 아르간 나무로 덮여 있고 1998년에 유네스코에서 생물보호구역으로 지정되었다.

아르간 나무는 8~10m 높이로 자라고 나뭇잎이 작고 짧으며, 꽃은 5~6월에 개화한다. 아르간 열매는 노르스름하고 갈색으로 단단하며 2~4개의 씨를 보호하고 있는데 이 씨가 아르간 오일의 원료이다. 아르간오일은 아르간나무의 씨를 길아 만든 것이다. 그런데 아르간 나무는 가시가 많아 올라가기가 힘들었다. 때마침 염소들이 아르간 나무에 올라가 열매를 따먹었고 염소들은 열매만 먹고 씨는 다 땅에 뱉어버린 것이다. 이때부터 아르간 나무는 염소들이 올라가게 되었고 지금은 염소들이 나무에 올라간 것을 신기하게 본 관광객이 아르간 오일을 사도록 유도하기 위해 아르간 나무에 올리기도 한단다. 아르간오일은 먹기도 하고 피부에 바르기도 한다.

포르투갈과 스페인이 모로코를 점령한 이유는?

한 번도 가 본 적이 없는 곳을 바닷길로 간다는 것은 쉬운 일이 아니었다. 무엇보다 그 일을 하는 데 필요한 것이 셀 수 없이 많았다. 먼 항해에 필요한 튼튼한 배와 여러 가지 항해 기구, 많은 양의 식량 등을 마련해야 하고, 목숨을 걸고 항해에 나설 용감한 뱃사람들을 모아야 했다. 그것은 엄청나게 많은 돈과 노력이 들어가는 일이었다. 마치 지금의 벤처창업처럼 모험을 필요로 하는 일이었다.

따라서 먼 바다 항해의 꿈을 이루려면 막대한 비용을 대 줄 수 있는 강력한 왕의 후원이 가장 중요했다. 그 무렵 유럽 여러 나라 가운데 이러한 조건을 가장 잘 갖춘 나라가 바로 포르투갈과 스페인이었다. 나라가 안정되어야 왕이 나라 밖으로 눈을 돌릴 여유가 생기게 마련이다. 유럽의 다른 나라들은 크고 작은 전쟁을 치르고 있었지만, 포르투갈은 15세기 내내 통일 왕국으로서 평화를 누리고 있었다.

스페인은 카스티야 왕국의 여왕 이사벨 1세와 아라곤 왕국의 왕 페르난도 5세가 결혼하여 두 왕국을 합치게 됨으로써 통일된 스페인 왕국을 건설했다. 그 뒤 두 왕은 오래전부터 계속된 이슬람 세력을 물리치는 레콘치스타(국토 회복 운동)를 끈질기게 이어 갔다.

그리하여 1492년에 이슬람 세력이 마지막까지 남아 있던 스페인의 남부도시, 그라나다를 손에 넣는 데 성공했다. 이로써 스페인은 이베리아 반도에서 이슬람 세력을 완전히 몰아내고 평화를 되찾게 되었다. 이슬람 세력은 스페인에서 쫓겨나면서 새로운 살 지역을 찾아야 했다. 그라나다와 환경이 비슷하고 자신들보다 힘이 약해 안정적으로 살 지역을 찾아 온 곳이 모로코의 북부 셰프샤우엔이었다.
이런 정치적 안정 말고도, 포르투갈과 스페인의 국토는 대서양 쪽으로 볼록 튀어나와 있어서 먼 바다 항해에 유리했다.

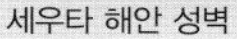
세우타 해안 성벽

포르투갈 문

Agadir
아가디르

아가디르Agadir는 모로코라기보다 유럽의 '모나코'같은 분위기를 나타내는 현대적인 도시로 1960년의 지진 이후에 완전히 재건되어 현대화되었다. 모로코에서 가장 고급스러운 리조트와 호텔이 많은 도시로 평범한 여행자에게는 모로코에서 가장 물가가 비싸고 볼 것이 없는 도시라는 평이 많지만 유럽 여행객에게는 인기가 있다. 일상적인 모로코라는 상식의 규제에서 벗어난 다른 매력을 주는 도시이다.

고급 리조트 & 호텔

모로코에서 볼 수 없었던 고급 호텔과 골프 클럽 등으로 하루 숙박비가 1,000달러가 넘는 곳이 꽤 있다. 모로코에서 유럽의 부호들을 끌어들이기 위해 노력하는 모습을 볼 수 있는 이질감이 큰 도시이기도 하다.

항구 입구

아가디르의 항구입구는 요트들이 정박해 있기도 한 새로운 모습을 볼 수 있다. 오랜 시간을 정박하면서 모로코를 여행하는 장기여행자가 주로 찾는다.

아가디르 비치
Agadir Beach

대서양 연안에 있는 에사우이라Essaouira나 아가디르Agadir나 해안도시의 풍경은 비슷하다. 에사우이라Essaouira는 모로코 정부가 관광산업을 위해 개발을 하고 있는 도시이지만 아가디르Agadir는 작은 도시로 느긋한 풍경을 즐길 수 있다. 해안이나 동쪽으로 아틀라스 산맥을 여행하기 위한 좋은 출발점이기도 하다.

아가디르 카스바
Agadir Kasbah

성채라는 뜻의 카스바Kasbah는 모로코에서 도시에서 가장 아름다운 풍경을 보여준다. 옛날에는 전쟁 때 적의 위치를 파악할 수 있는 곳이었지만 지금은 가장 높은 곳의 전망을 볼 수 있는 관광객의 주요코스로 활용되고 있다.

수크 엘 하드
Suuk el Haad

아가디르의 재래 시장으로 아가디르 시민들이 이용하고 있다. 다른 도시에 비해 규모는 작지만 있을 것은 다 있는 시장으로 다른 도시의 시장들과 큰 차이는 없다.

파라다이스 계곡
Paradise Valley

건조한 모로코 기후로 모로코 사람들은 계곡이 있다면 어디든 유원지가 된다. 파라다이스 계곡도 옛날 모로코에서 물놀이를 할 수 있는 곳이 부족했기 때문에 '천국'이라는 뜻을 붙인 이유이다. 막상 가보면 단순한 계곡이지만 아가디르 시민에게 사랑받는 장소이다.

파라다이스 계곡

타그하자트 비치
Taghazout Beach

타그하자트Taghazout 비치는 서퍼들에게 최근에 각광을 받는 비치로 에사우이라가 서퍼들이 좋아하는 비치였지만 최근에 관광도시로 변신을 꾀하여 서퍼들이 조금씩 다그하자트 비치로 이동하고 있다. 낙타를 타고 비치를 걸어볼 수 있는 경험을 할 수 있다. 마을 남쪽으로 내려가면 조류들을 관찰하기에 좋은 강어귀가 있기도 하다.

Sidi ifni
시디 이프니

일반적인 모로코여행에서는 거의 방문하지 않는 도시가 시디 이프니Sidi Ifni이다. 모로코의 거의 남부에 위치해 있어 다른 도시와의 여행루트가 맞지 않아 찾기가 어렵다. 아가디르에서 2~3시간을 달려야 도착한다. 의심할 필요 없이 한적하게 장엄하고 아름다운 풍경을 혼자서 즐기고 싶다면 절대 후회하지 않는 선택이 될 것이다.

레그지라 비치
Legzira Beach

시디 이프니를 방문하려는 관광객은 다 무너질 듯 무너지지 않는 아치형의 자연 작품의 사진을 보고 방문하고 싶은 생각이 생겨났을 것이다. 해변의 모래사장에 뚫려있는 커다란 구멍이 너무나 신기하다.

이프니 & 카미노 서프
Ifni & Camino Surf

아가디르가 유럽의 부호들이 주로 찾는 해변 관광도시라면 시디 이프니는 한적한 시골동네에 서핑을 사랑하는 서핑족들의 집합지라고 할 수 있다. 만으로 들어간 비치에 일정하게 들어오는 파도는 서핑을 처음으로 배우려는 관광객에게 안성맞춤이다.

모로코에 정착한 이슬람 세력 & 국토회복운동을 넘어 신항로 개척으로 이어진 스페인

카스티야 왕국의 여왕 이사벨 1세와 아라곤 왕국의 왕 페르난도 5세가 결혼하여 두 왕국을 합치게 됨으로써 통일된 스페인 왕국을 건설했다. 그 뒤 두 왕은 오래전부터 계속된 이슬람 세력을 물리치는 레콘치스타(국토 · 회복 · 운동)를 끈질기게 이어 갔다. 그리하여 1492년에 이슬람 세력이 마지막까지 남아 있던 스페인의 남부도시, 그라나다를 손에 넣는데 성공했다. 이로써 스페인은 이베리아 반도에서 이슬람 세력을 완전히 몰아내고 평화를 되찾게 되었다. 이슬람 세력은 스페인에서 쫓겨나면서 새로이 살 지역을 찾아야 했다. 그라나다와 환경이 비슷하고 자신들보다 힘이 약해 안정적으로 살 지역을 찾아 온 곳이 모로코의 북부 '셰프샤우엔'이었다. 셰프샤우엔이 지금의 형태를 갖춘 도시로 성장하게 된 것은

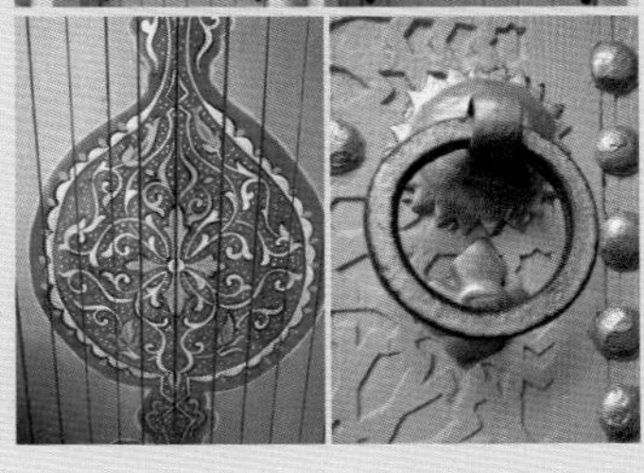

그라나다에서 쫓겨난 이슬람 세력의 정착이었다.
한번도 가 본 적이 없는 곳을 바닷길로 간다는 것은 쉬운 일이 아니었다. 무엇보다 그 일을 하는 데 필요한 것이 셀 수 없이 많았다. 먼 항해에 필요한 튼튼한 배와 여러 가지 항해 기구, 많은 양의 식량 등을 마련해야 하고, 목숨을 걸고 항해에 나설 용감한 뱃사람들을 모아야 했다. 그것은 엄청나게 많은 돈과 노력이 들어가는 일이었다. 마치 지금의 벤처창업처럼 모험을 필요로 하는 일이었다. 따라서 먼 바다 항해의 꿈을 이루려면 막대한 비용을 대 줄 수 있는 강력한 왕의 후원이 가장 중요했다.
그 무렵 유럽 여러 나라 가운데 이러한 조건을 가장 잘 갖춘 나라가 바로 포르투갈과 스페인이었다. 나라가 안정되어야 왕이 나라 밖으로 눈을 돌릴 여유가 생긴다. 유럽의 다른 나라들은 크고 작은 전쟁을 치르고 있었지만, 포르투갈은 15세기 내내 통일 왕국으로서 평화를 누리고 있었고 스페인은 국토회복운동이 끝나는 시점으로 정치적으로 안정화 되었다.

이런 정치적 안정 말고도, 포르투갈과 스페인의 국토는 대서양 쪽으로 볼록 튀어나와 있어서 먼 바다 항해에 유리했다. 왕의 적극적인 후원과 유리한 위치 등이 한데 어우러져서 포르투갈과 스페인은 새로운 항로를 찾아 나서는 모험에 다른 유럽 나라들보다 앞설 수 있었다. 항해가 반복되면서 포르투갈은 북아프리카의 에사우이라, 스페인은 탕헤르, 세우타, 멜리야 등의 모로코 도시들을 식민도시로 만들어 신항로개척을 지속하였고 모로코의 여러 도시들은 신항로의 전진 기지로 활용되었다.

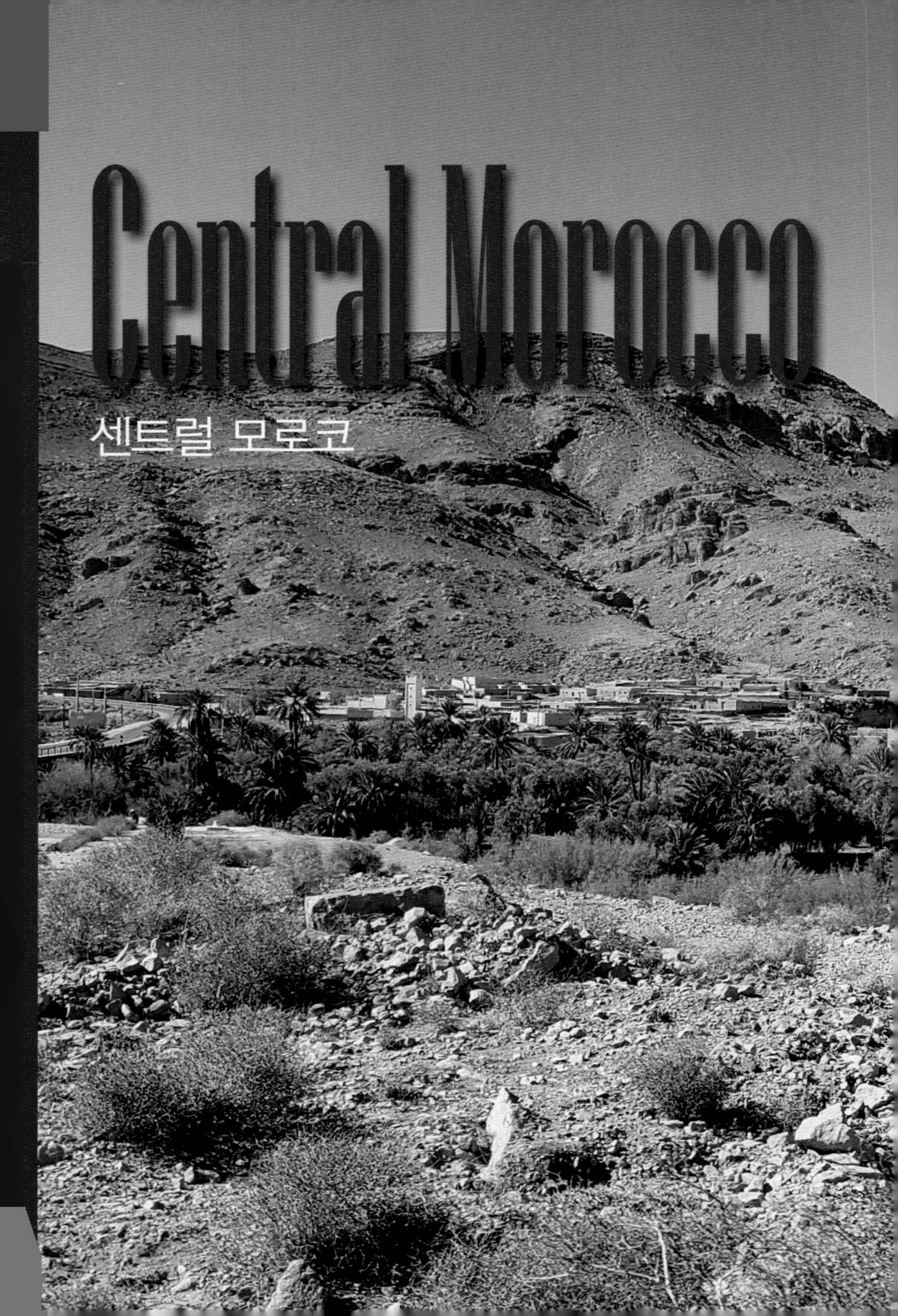
Central Morocco
센트럴 모로코

Marrakesh

마라케쉬

MARRAKESH

모로코 중남부에 있는 고대 도시로 9세기 베르베르인의 수도로 건설한 모로코에서 페스 다음으로 오랜 역사를 자랑한다. 천년이 지난 지금까지도 잘 보존된 마라케쉬는 도시 전체가 거대한 박물관이나 다름없다. 마라케쉬는 모로코에서 가장 중요한 예술, 문화의 중심지인 도시이다. 야자수로 둘러싸인 마라케쉬의 구시가는 미로처럼 얽혀 있는데, 해질 무렵에는 도시 전체가 아름다운 분위기를 자아낸다. 또한 이 도시는 건물들이 모두 붉은 색을 띠고 있기 때문에 '붉은 도시'라고 불린다.

역사

마라케쉬는 11세기 알로라비드 왕조의 수도였으며, 코투비아 모스크와 궁전, 박물관 등을 간직하고 있는 유서 깊은 도시이다. 1062년, 알모라비드Almoravid 술탄인 유세프 빈 타치핀Youssef bin Tachifin에 의해 세워졌으며 그의 아들 알리에 의해 아직도 시내 정원에 물을 공급하는 광대한 지하 관개 수로가 지어지면서 전성기를 맞았다.

1269년 마라케쉬는 남부의 수도였다. 사디안 인들은 16세기에 다시 마라케쉬를 수도로 정하고 유대인 구역, 무아신 모스크, 알리 벤 유세프 모스크 등을 세웠다. 17세기에 물레이 이스마일은 수도를 메크네스로 옮겼지만 마라케쉬는 권력의 중요한 요충지로 남게 되었다. 이 도시가 다시 흥하게 된 것은 프랑스에 의해 재건된 이후로 지금은 관광 산업의 주요 도시로 번성하고 있다.

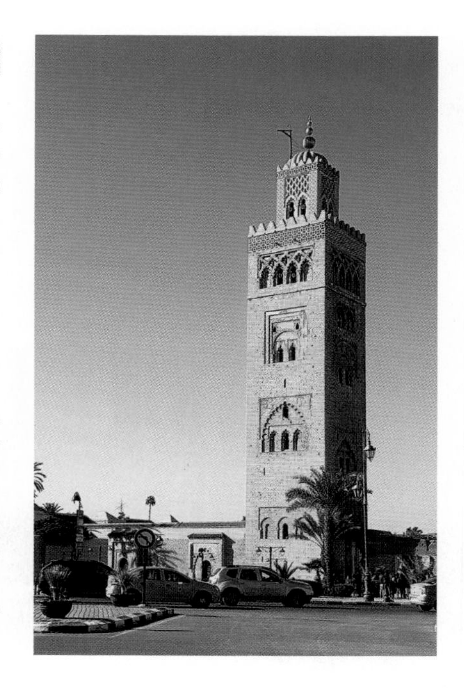

마라케쉬 지도

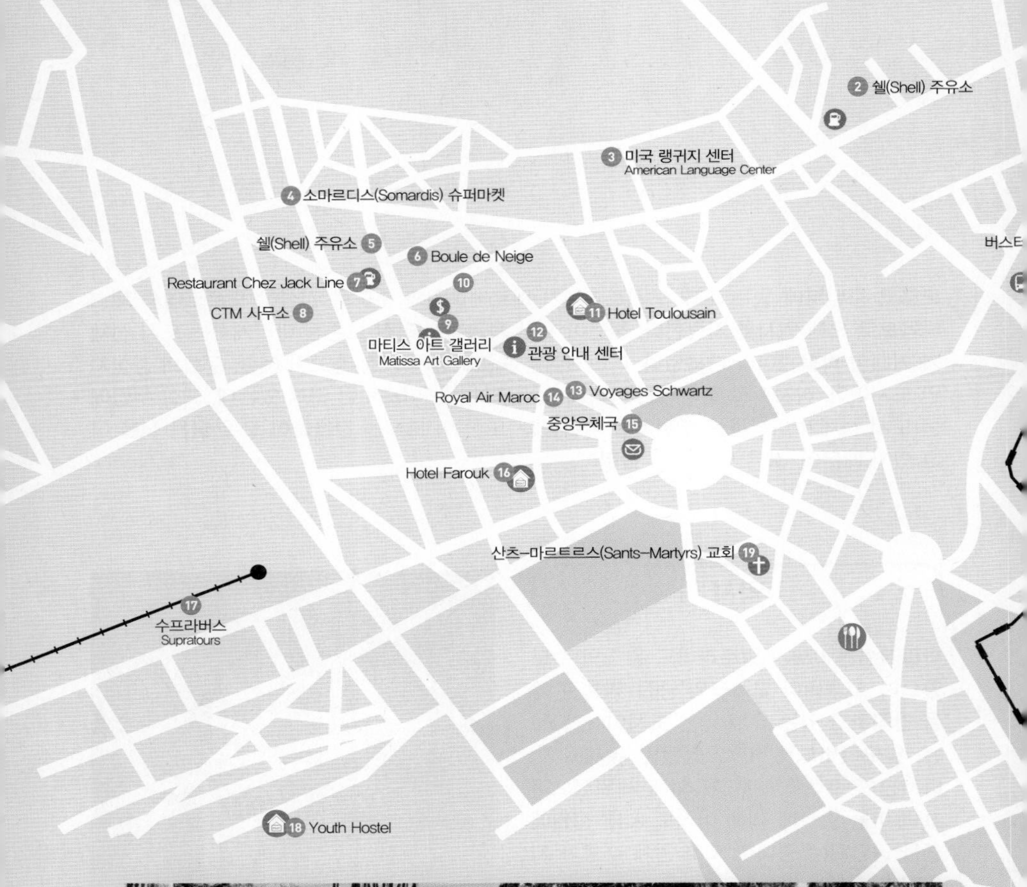

2 쉘(Shell) 주유소

3 미국 랭귀지 센터
American Language Center

4 소마르디스(Somardis) 슈퍼마켓

쉘(Shell) 주유소 5

6 Boule de Neige

버스터

Restaurant Chez Jack Line 7

10

CTM 사무소 8

11 Hotel Toulousain

9

12

마티스 아트 갤러리
Matissa Art Gallery

관광 안내 센터

Royal Air Maroc 14

13 Voyages Schwartz

중앙우체국 15

Hotel Farouk 16

산츠-마르트르스(Sants-Martyrs) 교회 19

17
수프라버스
Supratours

18 Youth Hostel

Cafe Restaurant
Chez Chegrouni
Cafe de France
Evening Food Stalls
33
페티테스(Petites) 택시
34
36
35
24시간 약국
38 재래시장
37 제마엘프나 광장
Place Djemaa
el-fno
39 Banque
Populaire
우체국, 전화국 42
43 마그흐리브(Maghrib) 은행
47 Hotel Ali Buffet
Hotel Essaouira
48 와파은행(Wafabank)
49
Hotel Gallia
Hotel Chellah
55 BMCE ATM
52
50
56
51
BMCI ATM
54
53
Hotel Sherazade
Banque Populaire
ATM
Hotel Souria
Hotel Souria
LOVE
Love, 2006
LOVE
마조렐 공원
21
테너리
Tanneries
알리 벤 우세프(Ali ben Youssef) 사원
23
22
알리 벤 우세프 메데르사
Ali ben Youssef Medersa
24 Dar Marjana
25 밥 도우카라(Bab Doukkala) 사원
모우아시네(Mouassine) 사원
26
밥 도우카라(Bab Doukkala) 사원
31
29 Hotel de Ville
28
Restaurant Stylia
제마엘프나 광장
Place Djemaa
el-fno
제마엘프나 광장
수영장
코투비아 모스크
Koutoubia Mosque
57
60 모로코 미술관
Dar Si Said
61
바히아 궁전
Bahia Palace
Hotel La Mamounia
59
58
메디나(Medina)
관광안내소
62 과일, 야채, 꽃 시장
코투비아 모스크
63 팔라이스 엘-바디
Palais el-Badi
카스바(Kasbah) 사원
64
65 왕궁
66

마라케쉬 IN

유럽에서 모로코로 운행하는 비행기들이 많다. 보통 영국, 프랑스, 스페인에서 모로코로 가는 저가 항공인 라이언에어, 이지젯 등이 모로코로 취항하고 있다.
파리, 런던 등에서는 마라케쉬로 들어가는 저가항공이 많고, 카사블랑카에는 마드리드에서 갈 수 있다. 1~2달 전에만 예약해도 왕복 약 4~6만원이면 구입할 수 있다.

공항버스

마라케쉬 공항에서 시내로 가는 19번 버스(편도 20디람, 왕복 30디람. 왕복티켓은 2주간 유효)가 있다. 15일 이내로 머무르는 여행자가 마라케쉬 인/아웃하면 유리하다. 공항버스는 제마 엘프나 광장, 버스터미널, 마라케쉬 기차역에 모두 정차하므로 원하는 곳에서 내릴 수 있다.

제마엘프나 광장
Djemaa el-Fna Square

화의 광장이라고 하지만 현재, 모로코 사람들의 문화와 생활을 한눈에 볼 수 있는 광장의 모습은 아니다. 과거에 모로코 시민들이 커다란 광장에서 이렇게 생활을 하고 있었다는 볼 수 있다는 것으로 만족해야 한다.

제마엘프나 광장에서 가장 신기하지만 흔한 모습은 코브라를 가지고 위험한 장면을 연출하는 현지인이다. 그들은 뱀과 함께 기념사진을 찍도록 권하고 땅바닥에 놓인 코브라와 노란 버마뱀을 보고 있는 관광객에게 사진을 유도한다. 뱀과 사진을 찍거나 뱀쇼를 보았다면 얼마든 비용을 지불해야 한다. 사진은 10디람(DR) 정도, 쇼는 20디람(DR) 정도가 적당한 비용일 것 같다.

문신인 헤나를 거리에 앉아서 바로 해주거나, 발에 족쇄를 채운 원숭이를 데리고 기념사진을 찍으라고 유도하고, 음악을 연주하는 사람들과 코브라를 가지고 위험한 재주를 부리는 사람들, 기저귀를 채운 원숭이를 데리고 기념사진 촬영을 유도하는 장사꾼, 호객꾼과 물장수까지 다양한 장면을 볼 수 있다. 관광객까지 뒤섞이면 제마 엘프나 광장Djemaa el-Fna이 유명한 이유를 알게 된다. 활기찬 분위기에 나도 모르게 기분이 좋아진다. 분위기에 휩쓸려 즐기다가 소매치기를 당하는 관광객도 종종 있으니 소지품 관리에 신경 쓰도록 하자.

위치_ 마라케쉬 기차역, 버스터미널에서 차로 15분
주소_ Rue el Ksour, Marrakesh

마라케쉬 시장
Marrakesh Market

제마알프나 광장과 붙어 있는 마라케쉬를 대표하는 재래시장이다. 제마엘프나 광장을 중심으로 사방으로 펼쳐져 있어 광장을 구경하다가 지루해지면 시장에 들려보자. 좁은 골목에 거미줄처럼 얽힌 시장은 걸어도 끝이 없는 미로 같다. 정신없이 걷다 보면 길을 잃기 쉽지만 이때는 제마엘프나 광장을 알려달라고 하고 광장으로 나오는 것이 가장 잃어버린 길을 나오는 방법이다.
온갖 향신료를 파는 가게와 휘황찬란한 아라비안 그릇 가게, 향긋한 냄새를 풍기는 아르간 오일 전문점, 질레바가 잔뜩 걸린 의류점, 고급 장신구가 가득한 액세서리점 등 다양한 품목의 상점들을 만날 수 있다.
좁은 시장 길을 걷다 보면 상인들이 큰 소리로 사람들을 불러 모아 귀가 먹먹해지기도 한다. 신기한 볼거리와 상인들이 연출하는 활기찬 모습은 대충 찍어도 그림이 된다. 단, 사진 촬영에 민감한 상인들에게 싫은 소리를 들을 수 있으니 주의해야 한다.

마라케쉬 OUT

제마 엘프나 광장 북쪽으로 가면 버스 정류장이 있다. 마라케쉬 버스 8번을 타면 버스터미널과 마라케쉬 기차역을 갈 수 있다.(버스요금 3.5디람)

광장의 오전, 오후, 저녁의 모습

광장의 오전/오후 모습

광장의 저녁 모습

광장은 가운데에 천막을 친 노점이 펼쳐져 있고 노점사이로 관광객이 발디딜틈 없이 다닌다. 광장은 오후부터 활기가 넘치기 시작한다. 오전에는 밤까지 영업을 한 노점들이 쉬었다가 하나둘 나오기 때문에 한가한 분위기이다. 이곳에서 즉석 오렌지 주스를 마시는 것은 반드시 해야 하는 관광코스가 되었다. 광장까지 걸어와 목마르고 힘들다면 먼저 오렌지 주스를 마시자. 한 잔에 4~5 디람(약 600원)의 저렴한 가격에 놀라고 당도 높은 오렌지 맛에 또 한번 놀라운 표정을 짓게 될 것이다.

제마엘프나 광장은 해질 무렵부터 야외 음식 노점상이 들어서면 배고픈 여행자의 발길을 멈추게 향기가 가득 퍼지면서 다시 여행자들도 같이 채워진다. 광장 주변에는 은행과 기념품을 파는 상점, 2층 위주의 레스토랑과 카페가 늘어서 있다. 이 카페에 올라가 커피를 마시면서 제마엘프나 광장의 야경 사진을 찍을 수 있다. 아침부터 광장을 분주히 오가는 마차들이 보인다.

제마엘프나 광장에 대한 나쁜 생각

발 디딜 틈이 없는 광장에 해가 지면 광장은 더욱 활기가 넘친다. 이 장면을 보기 위해 전 세계의 관광객이 몰려오는 곳이 마라케쉬이다. 마라케쉬의 이런 분위기를 '좋다' 또는 '나쁘다' 말하는 것은 의미가 없다. 유럽여행을 하다가 모로코에 온 우리나라 여행자들이 유럽처럼 깨끗하게 정돈된 시장을 생각하다가 실망했다고 말하는 여행자들이 많지만 그것은 모로코를 있는 그대로 보는 것이 아니라 유럽과 비교하는 것으로 모로코를 이해하는 자세는 아니다.

무더위를 피해 오후 4시 이후부터 나온 여행자가 점점 많아지고 저녁이면 광장의 노점에서 나오는 형형색색 전등이 마라케쉬의 아름다운 야경을 여행자에게 선사하는 마라케쉬의 야시장은 마라케쉬의 대표적 관광지이다.

맛집이라고 알려진 98번 음식점

바가지가 하나의 관례같은 도시가 마라케쉬이다. 방심하면 돈을 달라는 제마엘프나 광장에서 기분 나쁘게 뜯기기 쉽다. 마라케쉬의 야시장에 들어가려면 마음의 준비를 하고 가자. 마라케쉬의 밤거리는 다시 태어난다. 저녁부터 제마엘프나 광장의 많은 노점상들 앞으로 발 디딜 틈 없이 관광객으로 꽉 찬다.

전통 타진과 쿠스쿠스부터 과일주스, 음식점이 사람들로 둘러싸있다. 비록 허름해 보여도 광장의 모든 노점음식점은 입맛이 좋기로 소문난 곳이라고 한다. 단골손님들은 수년 채 이곳을 찾는다고 한다. 유일하게 호객행위를 안 한다고 알려져 우리나라 관광객이 많이 찾는 집이 바로 98번 노점이다.

다른 야시장의 음식점에 가도 맛은 잘 모른다. 우리에게 타진과 쿠스쿠스는 낯설기 때문이다. 대신에 튀김은 맛의 구별이 간다. 그런 점에서 98번 음식점이 좋다고 볼 수는 없다.

야시장 주의사항

음식은 정찰가격이 없다. 그래서 음식의 가격을 모르고 나중에 바가지를 쓰는 경우가 많다. 또한 바가지가 아니어도 서빙을 보는 웨이터들이 주문하지 않은 음식을 계속 주는 경우가 발생한다. 이런 경우는 현지 사정을 잘 모르는 처음 온 관광객으로 보여져 음식값을 과다 청구시키려고 하는 행동일 수 있다. 대부분의 관광객들이 의심하지 않고 서비스된 음식을 다 먹은 후 음식값을 지불할 때 실랑이가 발생한다. 그때는 음식을 다 먹었으니 음식값을 안 내는 것도 어렵다. 메뉴 중에 하나인가보다 하고 다 받아먹다가는 접시 하나 당 계산을 다 하고 나오게 될 수도 있다.

음식점에 앉자마자 자신에게 접시를 막 준다면 분명히 싫다고 해야 한다. 그러면 다시 가져간다. 거절의사를 분명히 밝히고 메뉴를 보고 음식가격을 정확히 확인해야 바가지 음식을 먹지 않을 수 있다. 즐거운 여행의 기분을 망칠 수 있는 마라케쉬 야시장의 바가지 경험을 하지 않도록 주의하자!

엘 바디 궁전
El Badi Palace

아랍어로 '비견할 데 없는'이라는 뜻을 가진 엘 바디 궁전은 14세기 후반에 건축가 아흐메드 엘 만수르Ahmedel Mansour에 의해 지어진 완벽한 궁전이다. 폭 150m에 달하는 정원을 가운데 두고 사방으로 건물이 병풍처럼 둘러싸고 있다. 대형 인공 연못과 작은 숲이 조성되어 있는 풍성한 오렌지 나무들이 인상적이다.
수단에서 공수해온 재료로 화려하게 장식한 수많은 방과 대리석이 깔린 바닥에 눈이 간다. 2층에 있는 전망대에 오르면 마라케쉬 전경을 한눈에 조망할 수 있다. 눈앞에 황색 아랍 가옥이 물결치고, 저 멀리 제마엘프나 광장이 아득히 보인다.

성벽 꼭대기엔 두루미과로 추정되는 몸집 큰새들이 둥지를 틀고 있다.

위치_ 제마엘프나 광장에서 도보로 15분
주소_ Ksibat Nhass, Marrakesh
Open_ 08:00~17:00 입장료10디람
전화_ +212-627-286740

바자르
Bazzar

모로코 최고의 시장 중 하나로 다양한 고품질의 공예품이나 상당한 양의 저 품질의 물건들이 같이 팔리고 있다. 물건을 사게 하려는 상인들의 호객 행위는 관광객들의 지갑을 열게 만든다. 이곳에서는 항상 흥정으로 물건을 사야하며 50%이상은 할인을 받아야 정상가격이 될 것이다.

코트비아 모스크
Koutoubia Mosque

마라케쉬에서 가장 눈에 띄는 건축물이지만 이슬람교도만 입장이 가능하다.
12세기 말 알모하드Almohads에 의해 지어진 이 모스크는 알모하드의 유명한 세 회교 광탑 중에서 가장 오래되고 잘 보존되어 있다.(다른 두 곳은 라바트의 투르 하산 모스크와 스페인의 기랄다 모스크이다.)

마조렐 정원
Majorelle Garden

도심 속 오아시스로 한적한 정원과 이국적인 건물이 조화를 이룬 공원이다. 울창한 남국의 열대 정원을 천천히 걷고 있으면 마라케쉬 시장에서 도망간 정신이 되돌아오는 듯하다. 모로코어로 '자딘 마조렐Jardin Majorelle'이라 불리는데, '자딘'은 프랑스어로 '정원'이란 뜻이다.
오래전 이곳을 만든 프랑스 화가의 이름을 따서 지었고 지금은 디자이너 이브 생 로랑Yves Saint Laurent이 소유하고 있다. 울창한 정원에 둘러싸인 푸른색의 화려한 건축물은 북적이는 마라케쉬 골목과는 반대의 분위기를 느낄 수 있다. 건물 곳곳에 아름다운 분수가 있고, 통로마다 놓인 다양한 색깔의 화분도 눈길을 끈다. 한쪽엔 이브 생 로랑을 추억할 수 있는 작은 전시관과 그의 유해가 묻힌 묘지가 있다.

위치_ 제마엘프나 광장에서 도보 10분
주소_ Rue Yves St Laurent, Marrakech 40090
Open_ 08:00~17:30
입장료_ 정원 70디람 / 박물관 30디람
전화_ +212-5243-13047

알리 벤 유세프 메데르사
Ali ben Youssef Medersa

14세기에 메레니드 술탄 아부 엘 하산Merenid Sultan Abou el Hassan에 의해 창시된, 메데르사는 암자에 의해 코란을 암기한 곳이다. 그러나 1560년대 사다디안Saadian 통치자들에 의해 거의 완전히 재건되었다.

메데르사Medersa는 중앙에 수영장이 있는 커다란 안뜰에 중심을 두고 있다. 건물은 조각 된 삼나무, 정교한 치장용 벽토 및 다채로운 젤리 타일로 장식되어 있다. 메데르사의 일부 요소는 그라나다의 알함브라Alhambra 궁전과 매우 유사하여 안달루시아의 예술가가 스페인에서 가져왔다. 안뜰 뒤쪽에는 가장 정교한 장식이 들어있는 커다란 기도 홀이 있다. 내부는 소나무 콘 및 팜 모티프로 덮여 있으며 3차원 모양을 만들기 위해 미하 브 주위에서 사용된다.

중앙 안뜰 위에는 작은 학생 기숙사 의 작은 창문이 있다. 객실은 작은 내부 안뜰 주위에 배치되어 있으며 고급 목재 난간

으로 장식되어 있다. 거의 900 명에 가까운 학생들이 이곳에 수용되어 있었고 입구가 현관에 있는 계단을 통해 방문객들은 모든 방을 탐험하고 안뜰의 멋진 전망을 즐길 수 있다.

바히아 궁
Palais de la Bahia

엘 메키El Mekki가 그랜드 비 지어Grand Vizier Ba Ahmed ben Moussa를 대신하여 큰 오래된 집과 집들이 모아져 궁전으로 바뀌었고 궁전 건축의 정확한 날짜는 알려지지 않았지만 1841년~1900년까지 건물은 1859년에서 1873 년 사이에 사용되었고 1900년에 완성되었습니다. 바히아 궁전은 멜라Mellah 또는 유대인 지역의 북쪽 가장자리를 따라 마라케쉬의 메디나Medina에 위치해 있다.

다르 시 사이드
Dar Si Said

다르 시 사이드Dar Si Said는 원래 시시 사이드Sidi Said, 왕 비시르Visir 및 바 아메드 벤 모우사Ba Ahmed Ben Moussa가 인근 바이아 궁전을 지은 노예의 형제가 지은 저택이었다. 오늘날 연결되는 안뜰과 아름다운 목조 천장에는 모로코 예술 공예 박물관Museum of Moroccan Arts and Crafts이 있다. 마라케쉬, 아틀라스 산맥 및 모로코 전역의 카펫, 보석류, 무기류, 도자기 및 직물 컬렉션이 전시되어 있다. 하이라이트는 조각 된 삼나무로 만든 응접실의 돔형 천장과 모로코 주변의 국가 박람회 moussems에서 발견되는 원시 4인승 목조 관람차이다.

사디아 인들의 무덤
Saadian Tombs

사디아 인Saadian들의 무덤은 마라케쉬Marrakech의 알모하드 카사바Almohad qasaba의 북쪽에 위치하고 있다. 1917년 미술과 역사유적지에서 발견되어 복원되었다. 마라케쉬에 있는 사디아 인들의 무덤Saadiens은 위대한 술탄 아흐마드 알 만수르 사디(Ahmad al-Mansur Saadi /1578-1603)의 시대부터 거슬러 올라간다. 카스바Kasbah의 모스크 옆에 위치한 사다디인Saadian 무덤은 마라케쉬의 황금시대를 1524~1659년까지 통치했던 라디나스티에 사다디안Ladynastie Saadian의 남은 흔적 중 하나이다.

남서쪽 코너에 위치한 긴 복도로 연결되어 있으며, 공동묘지와 정원이 있는 넓은 공간으로 연결되고 동쪽과 남쪽은 타워

가 있는 내벽으로 둘러싸여 있다. 묘지의 핵심은 1557년 술탄 알 갈리브 압둘라가 왕조 창설자 인 샤이크 무하마드Shaykh Muhammad의 무덤을 수용하기 위해 지은 곳이다.
18세기 초 술탄Sultan 물레이 이스마일 Moulay Ismail은 모든 흔적을 제거하기로 결정했다 왕조의 웅장한 모든 흔적의 파괴를 요구한다. 그는 자신의 무덤을 파괴하는 신성 모독을 저지르지 않았고 성체를 성숙한 것으로 입혔다. 비밀은 사다디안 Saadian 무덤의 위치를 재발견한 1917년까지 철저히 지켜졌다.
가장 유명한 영묘는 12열의 방이다. 이 방에는 술탄 아메드 엘 만수르의 아들 무덤이 있다. 삼나무와 치장 벽토의 천장은 정교하게 제작되었으며, 카라 라 대리석의 무덤이 있다. 일부 무덤에는 시적인 비문이 등장한다.

민속 축제
Saadian Tombs

이곳에서는 사람들이 모여 다양한 민속 축제를 즐긴다. 6월에 열리는 민속 축제는 모로코 전역에서 가장 뛰어난 흥행단을 모아 축제를 한다. 7월의 유명한 판타지아에는 성벽 밖에서 벌이는 베르베르 기수의 재주를 볼 수 있다. 뿐만 아니라 피리를 불며 뱀을 부리는 사람, 점쟁이, 물장수, 이야기꾼을 볼 수 있다.
오늘날에는 많은 여행자들이 찾아와 세계인이 함께 즐기는 광장이 되었다.

마라케쉬 역

마라케쉬 역
Marrakesh Station

아랍풍의 역사가 인상적인 마라케쉬 역은 역이 아닌 것 같아 당황스럽기도 하지만 안으로 들어가면 1층과 2층의 맥도날드와 KFC는 역사의 분위기를 가지고 있다. 안과 밖이 다른 역의 분위기가 오랫동안 뇌리를 스친다.

EATING

16 카페
Sixteen Cafe

마라케쉬에서 프랑스요리를 파는 카페로 인기가 높다. 채식주의 위주로 식단이 짜여 있고 차가운 음료와 커피가 일품이다. 정통 프랑스빵의 맛에 매료되고 아이스커피는 얼음과 시원한 커피가 내려가면서 더위를 식혀준다.

홈페이지_ www.16cafe.com
주소_ Place du 16 Novembre Marrakech Plaza, 40000
영업시간_ 07~새벽 01시
전화_ +212 5243-39671

카페 데스 에픽스
Cafe Des Epices

마라케쉬의 제마엘프나 광장을 바라보면서 식사와 음료를 할 수 있는 대표적인 카페이다. 카페는 항상 만원이라 식사시간보다 약간 일찍 가는 것이 자리를 잡는 데 도움이 된다.
샐러드와 과일 주스를 주문하고 자리에 앉아 오랜 시간을 보내는 관광객이 많다. 타진 같은 정통 모로코 음식을 파는 곳이기 때문에 모로코 음식이 맞지 않는다면 식사는 주문하지 않는 것이 좋다.

홈페이지_ www.cafedesepices.com
주소_ 75, Rahba Lakdima Marrakech Medina
영업시간_ 09~11시
전화_ +212 5243-91770

밥 프토우
Bab Ftouh

제마엘프나 광장에서 조금 중앙이 아닌 귀퉁이에 떨어져 있지만 타진의 맛은 느끼하지 않아서 좋다. 특히 치킨 타진이 마치 닭볶음탕을 먹는 느낌이다. 음식의 맛이 좋아 조망이 나쁜 것을 보완해 준다.

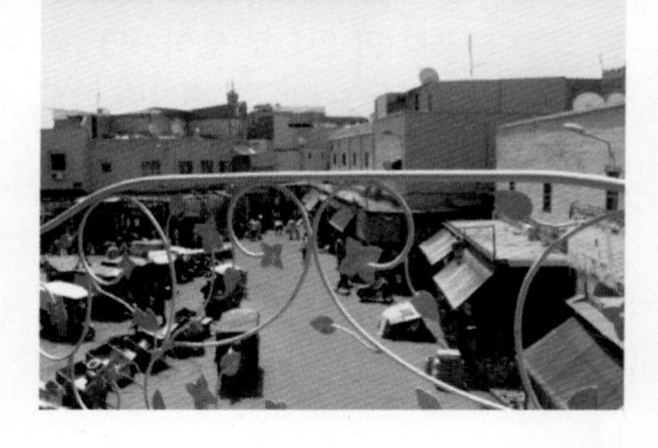

주소_ 64, place Ftouh Marrakech Medina
영업시간_ 09~11시
전화_ +212 624-626442

SLEEPING

사보이 르 그랑 호텔
Savoy Le Grand Hotel Marrakesh

마라케쉬에 있는 5성급 호텔로 야외와 실내 수영장을 보유하고 있고 메나라 정원에서 500m 거리에 있다. 5성급 호텔이 가격은 저렴하기 때문에 유럽의 호텔숙박료면 1박이 가능하다.
호텔 내부에 피로를 풀 수 있는 스파Spa와 목욕탕, BBQ를 갖추고 있다. 룸은 넓고 인테리어도 상당히 고급스러운 분위기를 연출한다. 근처에 카르푸 마트가 있어 현지음식이 입맛에 맞지 않으면 방문해도 좋을 것이다.

주소_ Avenue de la menara BP 528, Marrakech, Hivernage, 40000 Marrakesh
요금_ 더블룸 122유로~
전화_ +212 5243-51000

리야드 뱀부 수트 & 스파
Riad Bamboo Suites & Spa

제마 엘프나 광장에서 1㎞정도 떨어진 전통 가옥을 개조한 리야드로 위치와 시설 모두 만족스러운 숙소이다. 친절한 직원과 합리적인 가격으로 관광객이 호텔보다 좋다고 이야기하는 경우도 많다. 리야드이기 때문에 규모는 작지만 테라스는 아름다운 마라케쉬 전망을 가져다준다.

주소_ Rue Dabachi Derb Hejra N. 46, Medina 40000 Marrakesh
요금_ 더블룸 62유로~
전화_ +212 5243-77414

호텔 팔레 알 바흐자
Hotel Palais Al Bahja

마라케쉬 기차역 근처에 있는 3성급 호텔로 친절한 직원과 합리적인 가격으로 만족하는 호텔로 정평이 나있다. 호텔의 규

모는 작지만 사우나와 레스토랑까지 있어 조식도 상당히 맛이 좋다. 룸은 크지 않지만 침대와 인테리어가 편안한 분위기를 연출한다.

주소_ 33, Rue IBN AL QADI, Hivernage, Hivernage, 40020 Marrakesh
요금_ 더블룸 48유로~
전화_ +212 5244-33001

리야드 르 벨 오랑거
Riad Le Bel Oranger

북쪽 메디나 근처에 있는, 제마 엘프나 광장에서 10분 정도 걸으면 나오는 여행자 거리 근처에 있는 리야드로 메인 광장에서 가까워 숙소를 찾기가 쉽다.
가장 큰 장점은 24시간 운영하는 프론트로 연락만 하면 정확하게 위치를 설명해준다. 아침도 리야드에서 뷔페로 나오기 때문에 푸짐하게 먹을 수 있다. 위치와 시설, 친절한 직원과 합리적인 가격으로 관광객이 항상 많은 리야드이다. 리야드의 옥상에서 바라보는 아름다운 마라케쉬 전망은 덤이다.

주소_ 48 Derb el Ferrane riad Laarouss, Medina, 40000 Marrakesh
요금_ 더블룸 34유로~
전화_ +212 5243-85043

마라케쉬 숙소 잘 구하는 방법

마라케쉬는 다른 도시보다 숙소의 가격이 비싸기 때문에 위치를 생각하지 않고 정하는 경우가 많은데, 무엇보다 숙소의 위치가 중요하다. 마라케쉬 여행의 핵심지역은 제마 엘프나 광장이므로 광장에서 얼마나 가까운 위치에 있는지가 중요하다. 마라케쉬는 모로코 최대도시이자 관광도시이니 관광을 하기 좋은 곳에 숙소를 찾아야 한다는 사실을 잊지 않아야 시간낭비를 막을 수 있다. 마라케쉬는 여행자 거리처럼 숙소들이 몰려있는 마라케쉬 시장 근처에서 숙소를 찾으면 걸어서 다닐 수 있고 제마 엘프나 광장의 야경을 보고 걸어서 돌아올 수 있을 것이다. 숙소의 위치를 잃어버렸다면 현지인에게 물어보거나 택시를 타고 빨리 숙소로 돌아오는 것이 피곤하지 않다.

화석 가공작업장

지금은 건조한 사막이지만 옛날에는 바다였던 곳으로 화석이 대단히 많다. 물고기 화석이 가장 많다고 한다. 먼저 화석이 있는 부분을 확인하고 크게 그라인더로 자른 뒤, 망치로 양옆을 다듬는다. 다시 화석 모양을 살려 그라인더로 갈고 망치로 다듬는 작업을 계속 하면서 생물의 모양을 완성해 낸다.

Morocco South

모로코 남부

와르자자트
Ourzazate

와르자자트가 가장 자랑할만한 것은 마라케쉬로 오가는 길에 있는 티지 은틱카Tizi n'Tichka고개이다. 와르자자트는 자고라와 다데스, 토드라 협곡으로 오가는 길에 볼 수 있다. 마라케쉬에서 4시간, 아가디르에서 7시간이 소요되며 모로코의 다른 도시로 버스를 타고 이동할 수 있다.

드라아 계곡 / 자고라
Draa Valley / Zagora

자고라로 가기 100㎞전에 있는 드라아는 오아시스와 비슷한 팔레라이스 지역과 바위로 울퉁불퉁한 인상적인 사막의 절벽 사이를 흐르면서 수십 곳의 독특한 붉은 색 카스바를 지나친다. 저녁이 되기 시작하면 자주빛으로 빛나는 아름다운 장면을 볼 수 있다.

자고라의 매력은 낙타를 타고 사하라 사막으로 떠나는 신비로운 경험을 할 수 있다는 것이다. 하지만 메르주가Merzouga로 가서 사하라 사막 투어를 하는 것이 좋다. 와르자자트에서 7시간, 마라케쉬에서 12시간이 소요된다.

드라아 계곡 / 자고라

부말네 두 다데스/다데스 협곡
Boumalne de Dades
/The Dades Gorge)

높게 솟은 황토색 절벽과 환상적인 바위 형상들을 볼 수 있는 다데스 협곡은 와르자자트에서 100km 동쪽, 에르라치디아Er-Rachidia로 가는 길 위에 있다. 이곳은 모로코에서 가장 뛰어난 자연 경관 중 하나이다. 길을 따라서 요새화 된 성채인 멋진 코소르Ksour 유적에 현재도 사람이 살고 있다.
부말네 두 다세스에서는 울퉁불퉁한 암갈색 도로가 팔메라이에스Palmeraies, 베르베르족의 마을, 아름다운 카스바 유적을 지나며 므셈리르Msemrir까지 63㎞지나면 도착할 수 있다.

팅히르
Tingir

와르자자트와 메르주가의 두 마을 사이에 있는 모로코 남부의 작은 마을로 아이트 벤하두에서 차로 약 3시간 정도 소요된다. 모로코 북쪽에 있는 탕헤르Tanger와 헷갈리기 쉽지만 엄연히 다른 마을이다. 팅히르는 척박한 사막 마을에 물을 끌어와 대규모 논과 밭을 조성한 전원 마을이다.
이곳이 유명한 이유는 모로코 명품 카펫이 생산되기 때문. 카펫에 수놓인 문양 또한 독특하다. 행운을 불러오는 무늬, 사막의 물을 상징하는 문양, 사하라 사막의 낙타를 새긴 것도 보인다. 팅히르 특산 카페트의 가격은 크기에 따라 50~150유로 정도이다. 비싼 편이지만, 두고두고 훌륭한 인테리어 아이템이 되니 큰 맘 먹고 하나쯤 구입하는 것도 좋다.

탕히르

아이트 벤하두
Tingir

마라케시에서 남동쪽 도로에서 32㎞떨어져 있는 모로코의 아틀라스 산맥 중턱에 있는 요새 마을이다. 이 마을의 건물들은 진흙으로 만들어져 있으며 모양과 구조가 옛 모습을 고스란히 유지하고 있어 고대의 건축 기술을 보여 주고 있다. 마을은 방어벽으로 둘러싸여 있고, 벽 안쪽에는 집들이 있다. 이 마을은 1987년에 세계 문화유산으로 지정되어 보호를 받고 있다.
우르자자트에서 아이트 벤하두Ait Benhaddou까지 택시로 가는 것이 가장 쉬운 방법이지만 사하라 사막투어로 다녀올 수도 있다.

토드라 협곡
Todra Gorge

팅히르 마을 인근에 차로 약 30분 정도 소요되는 높이 160m가 넘는 토드라 협곡의 붉은 바위는 보는 것만으로도 아찔하다. 높이 솟은 절벽은 하늘을 찌를 듯하고, 협곡 사이론 맑은 개천이 끊임없이 흘러 신비로움을 자아낸다. 2억 년 전 지각변동으로 생긴 이 협곡은 '북아프리카의 그랜드캐니언'으로 불린다.
계곡 사이로 우뚝 선 2개의 바위는 당장이라도 눈앞으로 다가올 것처럼 위압적이다. 협곡 단면엔 2억 년이 넘은 지구의 역사가 그대로 새겨져 있고, 계곡 너머로 장대한 사하라 사막이 시작된다. 이곳의 맑은 물은 탕히르를 비롯해 여러 마을의 주요 식수원이 된다.

메르주가 모래 언덕
Merzouga

에르푸드 남쪽 50㎞정도에 작은 하시 라비에드Hassi Labied와 메르주가 마을, 모로토에서 유일한 사하라 사막 모래 언덕인 에르그 체비Erg Chebbi가 있다. 마법같은 풍경의 언덕은 때에 따라 분홍색에서 금빛으로, 다시 붉은 빛으로 색을 바꾼다. 봄에는 낮은 연못이 나타나 분홍색 홍학들이나 다른 물새들을 모으기도 한다.

메르주가 모래 언덕(관정을 하려고 판 흔적)

메르주가 사막 투어
Merzouga Desert Tour

메르주가는 사하라 사막으로 가는 관문. 여행자들은 보통 이곳에 큰 짐을 두고 낙타에 올라 깊숙한 사막으로 들어간다. 낙타 사파리는 1시간 30분~2시간 정도 걸리는데 사막을 들어갈 때 한 번, 나올 때 한 번 탄다. 낙타가 사구를 하나둘 넘어갈수록 사하라는 제 속살을 유감없이 보여준다.

모래언덕이 끝없이 펼쳐지고, 어느 순간 방향 감각도 사라진다. 낙타 사파리의 하이라이트는 사하라의 노을과 마주하는 순간. 해가 지면 하늘은 황금색에서 짙은 황색으로 변하고 다시 다홍색으로 바뀌는 놀라운 스카이 쇼를 선보인다.
저녁식사가 끝나면 베르베르인들의 기묘한 연주와 함께 춤도 춘다. 새벽이 되면 은하수와 별똥별이 선사하는 환상적인 밤하늘이 선물처럼 펼쳐진다. 삼각대를 준비하면 멋진 인생 사진을 건질 수 있다.

아틀라스 산맥
Atlas Mountain

아프리카 북서부, 동서로 길게 뻗은 산맥으로, 아프리카 대륙에서 가장 길다. 마라케쉬에서 사하라 사막으로 가려면 이 산맥을 반드시 넘어야 하는데, 특유의 장엄한 절경이 일품이다. 붉은 협곡을 옆에 끼고 구불구불한 산길을 넘어가는 동안 멋진 풍경을 감상할 수 있다.
도로 곳곳엔 잠시 쉬면서 산맥을 내려다볼 수 있는 포인트가 많다. 1~2월엔 새하얗게 눈 덮인 아틀라스 산맥을 만날 수 있다.

사하라 사막 투어

여행자들이 모로코를 찾는 이유 중 가장 중요한 이유 중에 하나는 사하라 사막을 보기 위해서이다. 마라케쉬 여행의 핵심으로 마라케쉬에서 1박2일이나 2박 3일짜리 투어를 참가한다. 10여 명의 여행자를 모아 함께 이동하는데, 단순히 사막만 보고 오는 것이 아니라 사하라뿐만 아니라 남부 모로코 곳곳의 독특한 도시와 대자연도 볼 수 있다.

마을 전체가 영화 세트장, 아이트 벤하두(Ait Benhaddou) → 모로코 명품 카펫 마을, 팅히르(Tingir) → 북아프리카의 그랜드캐니언, 토드라 협곡(Todra Gorge) → 사하라에서 보내는 판타스틱 나이트, 메르주가 사막 투어(Merzouga Desert Tour) → 북아프리카의 척추, 아틀라스 산맥(Atlas Mountains)순으로 진행된다.

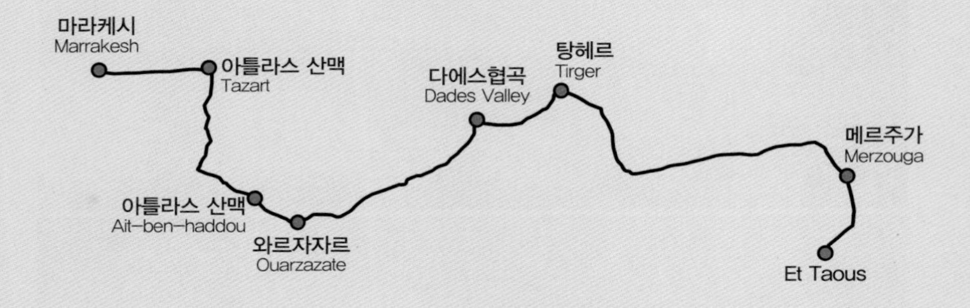

2박 3일 코스

사하라 투어 패키지는 마라케쉬나 메르주가에서 시작한다. 따라서 많은 여행사가 있다.(숙박과 낙타 체험도 포함돼 있다) 마라케쉬는 아이트 벤하두, 토드라 협곡 등 메르주가까지 단체 버스로 이동했다가 오후 5시 정도에 사막투어가 시작되어 다음날까지 진행되고 3일째에 다시 돌아온다.

마라케쉬로 돌아가지 않고 페스로 가고 싶은 여행자는 다시 버스에 오르지 않고 투어가이드에게 이야기하여 택시를 이용해서 페스로 바로 가서 시간을 절약할 수 있다. 마라케쉬로 돌아가려면 중간에 아무 장소도 정차하지 않고 7시간 정도를 마라케쉬까지 이동하니 멀미를 조심해야 한다.

1박 2일 메르주가 출발코스(한국인이 많이 선택)

1박 2일은 메르주가에서 시작되니 사막에 오래 머무르니 본인이 원하는 것을 선택하면 된다. 2박 3일 마라케쉬출발투어는 외국인이 많고, 1박 2일 메르주가 시작코스는 한국인의 비율이 높다. 메르주가는 알리나 숙소에서 소개하는 투어를 선택하는 한국인이 많다. 아침에 출발해 저녁에 사하라에 도착해서 하루 자고, 다음날 새벽에 다시 돌아오는 다소 빡빡한 일정이다. 1박 2일 코스는 450Dr(디람)정도인데, 비수기에는 350Dr(디람)까지 협상이 가능하다.

한국인들이 카페나 블로그를 보고 선택하고 있는 일명 알리네 투어는 알리라는 숙소에서 직접 운영하고 있는 투어로 1박 2일을 온전히 사막에서 보낼 수 있다는 이야기가 전파되어 사하라사막 바로 옆에 있는 알리Ali네로 가서 직접 사막투어를 하고 있다. 마라케쉬 2박 3일 투어와 다른 점은 마라케쉬투어는 베이스캠프가 너무 많은 사람이 모여 시끄럽고 사막을 즐기는데 방해가 된다고 생각한다면 단독으로 베이스캠프를 만든 알리네 투어는 소수여서 조용하다.

오전, 오후에 인원수에 맞게 낙타가 준비

낙타 타고 사하라사막의 베이스캠프로 이동 (약2시간) / 베이스캠프 점심식사

샌드보드, 샌드썰매

해지는 일몰보러 뷰 포인트로 이동

저녁식사, 베르베르인의 공연

이튿날 아침 베이스캠프로 복귀

아침을 먹고 페스로 이동하는 버스터미널로 이동

메르주가 사하라사막 투어

오아시스 호텔(L'Oasis)의 알리네(Ali) 투어

가장 많이 선택하는 사하라사막투어로 오랜 시간을 대한민국 관광객과 함께 해봐서 우리나라사람들이 무엇을 원하는지 잘 알고 있는 것이 장점이다. 최근에 호텔까지 추가로 만들어서 규모가 매우 커졌다.

사전에 페이스북(www.facebook.com)에서 미리 예약을 해야 투어가 가능하며 예약을 하면 메르주가에 도착하는 버스 앞에 픽업을 나온다.
1박 2일 투어에서 사전에 마라케쉬로 이동한다고 이야기하면 새벽 5시에 일찍 일어나 버스시간에 맞추어 돌아오고 있다. 페스로 저녁에 가는 여행자는 추가요금을 내고 샤워실을 이용하고 저녁식사를 할 수 있다.

파티마(FATIMA)

알리네 다음으로 대한민국 여행자가 많이 선택하는 투어로 부킹닷컴(booking.com)에서 예약하면서 메시지로 남겨놓으면 사하라 사막투어를 예약할 수 있다. 알리네와 가격 차이는 거의 없다.

데르두나(Derduna)

2017년에 시작한 투어로 스페인, 모로코(성명 : 무스타파다르 두Mustaphadar du) 부부가 운영하고 있다. 알리네 보다 저렴하고 다음날 샤워하고 점심을 무료로 먹을 수 있다는 장점이 있지만 다음날 이동하는 버스를 타려면 미리 이야기를 확인을 해야 하는 단점이 있다.

아직은 투어를 운영한 숙련도가 떨어지지만 친절하여 좋은 사하라 사막투어의 추억을 가지고 갈 수 있다.

사하라 투어의 하이라이트, 1박

1.샌드 보드(Sand Board)의 매력

사하라사막에서 하룻밤을 지내기 위해 낙타를 타고 도착하면 해가 질 때가 된다. 시간이 너무 부족한 것 같지만 샌드보드를 타는 것은 너무 즐겁기도 하지만 타고 내려간 다음 다시 올라오는 것은 꽤 힘들다. 그래도 사하라 사막에서 샌드 보드(Sand Board)를 타는 것은 엄청난 추억을 간직하게 된다. 샌드 보드는 1인이나 2인이 앉아서도 탈 수 있고, 서서 탈 수도 있지만 서서 타다가 앞으로 넘어지는 것은 조심해야 한다. 해가 졌다고 해도 아직 아무것도 안보일 정도가 아니기 때문에 샌드 보드는 충분히 탈 수 있다. 오히려 너무 일찍 1박 하는 장소로 이동하면 햇빛이 강렬하고 더워서 샌드 보드를 타는 것이 힘들다.

2. 밤마다 연주되는 음악

사막에서 듣는 라이브 음악은 우리를 하나로 만들어준다. 모래 언덕을 비추는 환한 달빛 아래에서 음악에 맞추어 투어 참가자들은 몸을 흔들다 보면, 온 몸의 모든 감각이 눈을 떴다. 악기라고는 젬베와 기타가 전부인데, 밤의 연주는 특별했다. 아름다운 목소리, 여행자의 나무 막대로 두드리는 냄비 소리, 베르베르인의 장단에 맞추어 춤을 추고 서로에게 미소 짓는다. 마음과 영혼으로 하나가 된다.

3. 사막의 은하수

맛있게 먹고 열심히 춤을 추면 행복에 젖어 잠자리를 청한다. 사막의 밤은 춥다. 그래서 가이드는 도착하자 마자 장작을 피우고 모래를 섞어서 바닥에 골고루 뿌린 후에, 카펫을 깔고 다시 그 위에 침낭을 덮고 잠을 잔다. 잠을 자기 위해 침낭을 덮고 누우면 하늘은 별천지이다. 다들 자신이 태어나서 볼 수 있는 별은 다 본 것 같다고 말한다. 주위의 정적에 불빛 하나도 보이지 않는다. 이것이 여행자의 감동을 만드는 포인트이다.

4. 쏟아지는 별과 작은 동물의 소리

눈을 감고 잠을 청하면 작은 동물들의 소리가 들린다. 그 소리에 문득 잠에서 깨어나 눈을 뜨면 은하수가 쏟아질 듯 늘어서 있다. 추워서 잠들지 못하고 덜덜 떨면서 별을 보는 재미에 빠져든다.

사하라 사막 투어 준비물

1. 1회용 접시 / 컵

사막투어의 저녁식사에서 접시는 주지 않는데 우리나라 여행자들은 불편해 한다. 미리 1회용 접시나 컵이 있으면 유용하다.

2. 휴대용 랜턴

핸드폰의 휴대폰 플래시를 사용해도 되지만 사막에는 전기가 없다.(알리네 호텔 텐트에는 전기가 들어온다) 미리 작은 휴대용 랜턴이 유용하다.

3. 휴대용 충전기 / 여분의 배터리

사막의 텐트에는 전기가 부족하기 때문에 핸드폰을 계속 사용하고 싶다면 반드시 휴대용 충전기나 여분의 배터리가 필요하다. 첫날은 물론이고 2일차에도 6시간 넘게 차로 이동해야하기 때문에 충전할 수 없으니 미리 휴대용 충전기를 가져가는 것이 좋다.

4. 침낭 / 핫 팩

사막의 밤은 의외로 춥다. 겨울에 사하라 사막투어를 이용하면 미리 오리털 외투를 가지고 가는 것이 유용하다. 겨울에는 입이 돌아가겠다는 농담을 할 정도로 춥다.

사막 텐트의 이불 위생상태가 불안하다면 추워도 이불을 안심하고 덮을 수가 없다고 생각한다면 침낭이 필요하다. 하지만 사하라 사막의 1박을 위해 침낭을 미리 챙기기는 쉽지 않다. 대부분은 준비하지 않는 준비물이기도 하다. 개인의 성향에 따라 준비하면 될 것이다.

이불의 위생 상태를 이야기하는 투어 참가자들은 옷을 안으로 집어 넣어 바람을 막고 벌레가 들어가지 않도록 하고 추위를 대비해 핫팩을 한국에서 3~5개정도 준비하면 유용할 것이다.

5. 물티슈

간단히 닦을 수 있는 물티슈는 대단히 유용하다. 사막에서 세수를 할 수 없으니 미리 휴대용 물티슈를 준비하면 편리하다.

6. 별자리 앱 깔기

휴대폰에 별자리를 볼 수 있는 앱을 미리 스마트폰에 준비해 놓으면 좋다. 별을 보고 있으면 별자리를 찾아보지만 대부분 아는 지식이 북두칠성과 카시오페이아 밖에 없어 아쉬워

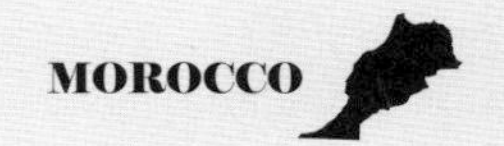

한다. 사막의 별은 너무 많고 빛나서 별자리를 보려고 해도 알 수가 없다.
별자리를 분명히 알고 싶을 테니 미리 별자리 앱을 다운 받아서 가면 별자리를 찾는 즐거움도 배가 될 수 있다.

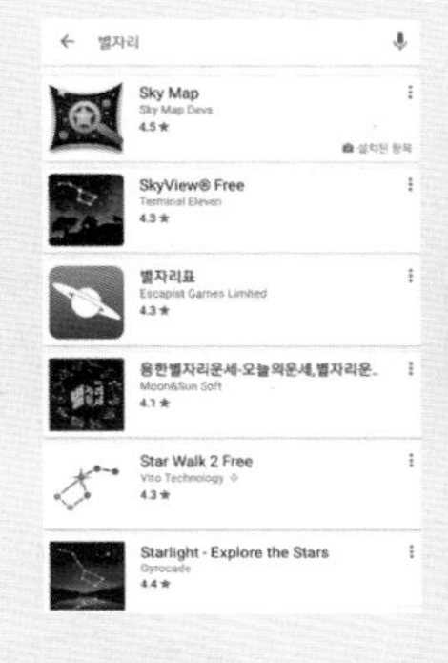

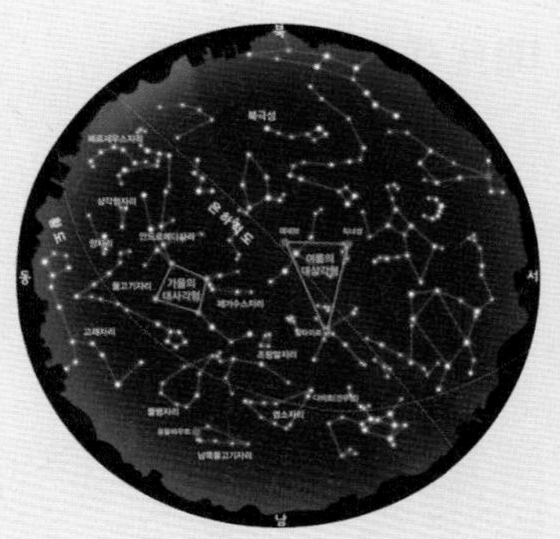

▶추천 앱
별자리표, Sky View

사막에서 밤하늘의 별을 보려고 고개를 위로 올리면 쏟아질 듯한 별들이 나를 둘러싸고 있다. 이때 누구나 드는 생각은 별들의 사진을 찍고 싶다는 것이다. 준비를 조금만 하고 사막투어에 참가한다면 아름다운 별들의 향연을 찍을 수 있다.

별 사진을 찍으려면 장소를 잘 정해야 한다. 달이 밝으면 안 되고(달이 밝으면 별이 안 보인다), 습도가 낮아야 하는데 사막이라 너무 건조하고(높은 습도는 빛을 난반사 시키기 때문에), 바람이 적게 불어야 하는데 텐트 안에 있어 바람은 피할 수 있으며(바람이 세면 삼각대가 흔들릴 수 있다), 하늘이 맑아야 한다(당연한 이야기이지만 구름이 많으면 별이 안보이기 때문에) 그런데 사막은 별 사진 찍을 수 있는 최상의 조건이다.

1. 준비물
– 광각렌즈 : 밝은 광각렌즈 혹은 어안렌즈를 준비
(만일 광각렌즈가 없다면 표준 번들렌즈로 조리개를 최대한 낮춰서 촬영하여야 한다)
– 삼각대 :
– 유, 무선 릴리즈

2. 찍는 법
① 삼각대를 설치
② 초점을 AF에서 MF로 변경 , 초점거리 무한대로 설정
③ 감도 400 ~ 3200 사이로 설정
④ 별 점상사진은 15초 ~ 30초, 별 궤적사진은 30초씩 연속으로 장노출을 해서 촬영
⑤ 30초 이내의 별 점상사진은 조리개 개방, 30초 장 노출 연속은 조리개 조임.

7. 술

이슬람 국가는 술이 금지이지만 모로코는 술을 팔기는 한다. 하지만 술을 파는 곳이 매우 제한적이다. 사막에서 모닥불 피워놓고 얘기할 때도 민트티를 마신다. 술을 꼭 마시고 싶다면 미리 작은 소주팩을 준비하면 진솔한 대화를 나누기 좋다.

8. 스카프

이슬람 국가를 여행한다면 기본적으로 여행 필수품이지만 모로코에서 특히 유용하다. 사막에서 모래바람을 얼굴에 불어올 때 막기 위해 중요하다. 여성은 반드시 스카프를 챙기자.

메르주가 지프투어

지프투어의 하이라이트는 사막을 질주하는 것으로 지프차의 짐칸에 올라타 흥미진진한 사막을 질주하여 호수에 도착한다. 사막의 질주는 스트레스가 해소된다.

북아프리카

North Africa

아프리카와 유럽을 잇는 다리, 북아프리카

모로코를 이해하려면 북아프리카에 대한 전체적인 이해가 필요하다. 모로코도 북아프리카의 일원으로 살아가는 나라이기 때문이다. 북아프리카는 아프리카이지만 유럽의 문화를 많이 받아들였고, 이슬람교를 믿기 때문에 유럽과는 다른 문화를 가지고 있어서 전체적인 이해를 바탕으로 모로코를 여행해야 모로코 여행이 수월할 것이다.

인종 / 문화

아랍, 베르베르, 유럽 문화의 조화

북부 아프리카에는 아랍인들과 베르베르족이 함께 살고 있다. 베르베르족은 아주 오래전부터 이곳에 살아온 원주민인데, 아랍인들과 함께 살면서 아랍어와 이슬람교를 받아들였다. 하지만 베르베르족의 고유한 문화는 지금도 유지되고 있다. 북부 아프리카의 나라들은 유럽의 식민 지배를 받은 아픈 과거를 가지고 있다. 모로코, 알제리, 튀니지는 프랑스의 식민 지배를, 리비아는 이탈리아의 식민 지배를, 이집트는 영국의 식민 지배를 받았기 때문에 유럽 문화의 영향을 많이 받았다.

북부 아프리카 나라들 중에서 가장 서쪽에 있는 모로코는 푸른 들판과 사막, 만년설이 덮인 고산 지대 등 다양한 자연환경을 갖춘 나라이다. 알제리는 북부 아프리카에서 땅이 가장 넓은 나라이다. 튀니지는 카르타고 로마, 이슬람 유적 등 다양한 문화유산이 있어서 관광 산업이 발전했다. 리비아는 석유가 많이 생산되는 나라이고, 피라미드와 스핑크스로 대표되는 이집트는 북부 아프리카에서 인구가 가장 많은 나라이다. 이렇게 다양한 모습을 보이는 북부 아프리카 나라들은 이슬람 문화로 한데 묶여 있다.

베르베르인과 베두인을 구별하자.

모로코에는 아랍인과 베르베르인이 함께 살고 있다. 그런데 사하라사막에서 생활하는 투아레그족이나 아라비아 사막에서 살고 있는 베두인과 혼동하는 경우가 많다. 모로코에는 베르베르인이 살고 있는데 그들과 베두인을 혼동하지 말자

사막에서 생활하는 대표적 두 민족

투아레그족의 생활

뜨겁고 건조한 사하라 사막에는 투아레그족이 살고 있다. 사하라 사막은 비가 거의 내리지 않아 농사를 짓기 어렵다. 예부터 투아레그족은 떠돌아다니며 가축을 길렀다. 하지만 가축만으로는 생활에 필요한 물자가 충분하지 않았다. 그래서 투아레그족은 사하라 사막을 남북으로 오가며 장사를 했다. 사막에서 소금을 만들어 팔기도 하고, 사마그이 남쪽에서 활금과 가죽을 , 북쪽에서 대추야자 등을 사서 다른 곳에 가져다 팔았다 낙타를 타고 떠나는 사마그이 장삿길은 멀고도 험난했다. 물자가 귀하다 보니 도둑이나 약탈자의 습격에도 대비해야 했다. 투아레그족 남자들은 매우 용맹하고 칼춤도 멋지게 추었기 때문에 푸른 옷이 전사라고 불렸다.

▶음식 : 곡물 빵, 가축의 고기와 젖

투아레그족은 가축의 고기와 염소 젖, '타구엘라'라고 하는 귀리, 기장, 밀 등으로 만든 둥글고 평평한 빵과 죽을 먹는다.

▶집 : 천막집

투아레그족은 동물 가죽으로 만든 붉은 색 천막집에 살았다.

▶옷 : 아센조터

투아레그족 남자들은 아센조터라고 부르는 푸른색 베일을 쓴다. 베일은 사막의 모래 바람으로부터 얼굴을 보호해 준다. 투아레그족은 얇은 천으로 만든 흰 속옷과 푸른 겉옷을 입는다.

▶사막의 배, 낙타

낙타는 두꺼운 발바닥, 열고 닫을 수 있는 콧구멍, 두 줄의 속눈썹이 있어 사막을 이동하기에 적합한 동물이다. 낙타의 혹에는 지방이 저장되어 있어 물과 풀을 먹지 않고도 오랫동안 견딜 수 있다.

베두인족의 생활

아라비아 사막의 베두인족은 계절에 따라 이동하며 살아간다. 비가 오는 겨울철에는 가축 떼와 함께 사막으로 이동하고, 비가 오지 않는 건기에는 다시 경작지로 돌아온다. 건조한 사막에서 살아남으려고 물이 있는 곳을 찾아다니는 것이다. 베두인족은 기르는 가축의 종류에 따라서 지위가 달라진다. 낙타를 기르며 사는 유목민이 가장 높은 지위를 차지하고 농경 지역 주변에서 양이나 염소를 기르는 유목민이야말로 진정한 베두인족이라고 믿기 때문이다.

베두인족은 외부 인에게 매우 관대하며 손님 접대를 잘하지만, 모욕을 당했다 싶으면 공격적인 모습을 보인다.

▶옷 베두인족은 왜 검은 옷을 입을까?

햇볕을 받으면 검은 물체가 하얀 물체보다 더 뜨거워진다. 그런데도 베두인족은 검은 옷을 입는 이유는 땀이 빨리 마르면 수분이 증발할 때 열을 빼앗아 가므로 시원하게 느껴지기때문이다.

▶집 : 베이트 알쉬르

베두인족은 베이트알쉬르(털의 집)라고 불리는 검은색 천막집을 짓는다. 양과 염소의 털로 짠 천막으로 바람이 잘 통한다. 또 우기에는 젖은 털실이 부풀어 오르면서 구멍을 막아 비가 새지 않는다. 천막 내부에는 밝은 커튼으로 여자들이 머무는 공간을 구분한다.

▶음식 : 코브즈 빵, 야채, 요구르트

베두인족은 밀가루 반죽을 얇게 펴 구운 빵인 코브지와 가축의 젖, 요구르트 반죽을 먹는다. 그 밖에 오아시스 주변에서 대추야자와 쌀, 야채, 과일 등을 재배해서 먹는다.

베두인족 여자들은 가축을 돌보고 염소젖은 베두인족이 즐겨 먹는 음식이다.

지형 / 기후

사하라 사막과 나일 강이 흐르는 곳, 북부 아프리카는 아틀라스 산맥을 기준으로 북부와 남부로 크게 나눌 수 있다. 아틀라스 산맥은 모로코 남부에서 시작해 튀니지 북부까지 뻗어 있다. 아틀라스 산맥의 북쪽 지역은 겨울에는 비가 많이 오지만 온화하고, 여름에는 덥고 건조한 지중해성 기후를 보인다. 이러한 기후 덕분에 올리브, 레몬, 포도 등의 과일이 많이 재배된다.

남쪽에는 세계의 사막 중에서 가장 넓은 시하라 사막이 펼쳐져 있다. 사하라 사막은 밤낮의 기온의 차이가 크고 비가 거의 오지 않는다. 하지만 오아시스와 비가 오면 일시적으로 '와디'라는 강이 생겨서, 이 물을 끌어다가 주변에서 대추야자, 밀, 모고하 등을 재배하고 있다.

동쪽으로는 세계에서 가장 긴 나일 강이 흐르고 있다. 나일 강은 수천 년 동안 흐르면서 삼각주라는 부채꼴 모양의 기름진 땅을 만들었다. 이 지역은 오늘날까지 이집트 농업의 중심이 되고 있다. 한편 물이 부족한 이집트, 수단, 에티오피아 등의 나라들은 서로 나일 강을 차지하려고 분쟁을 벌이기도 한다.

생활

의생활

북부 아프리카 인들은 사막의 강렬한 햇볕을 막고 모래가 들어가지 않도록 머리와 몸을 최대한 가리면서 헐렁한 옷을 입는다. 나라마다 색과 모양의 차이는 약간 있지만 대개 헐렁하고 긴 하얀색 옷을 입고 머리에는 터번을 두른다. 통으로 된 헐렁한 전통 옷은 모로코나 튀니지에서는 '질레바', 이집트에서는 '갈라비야'라고 부른다. 이 옷은 남녀가 모두 입는 옷으로, 품이 넉넉한 가운처럼 생겨서 입기에 편하고 시원해 보인다. 양털이나 면으로 만들며 여러 용도로 쓰인다. 날씨가 추운 날에는 외투로 걸치기도 하고, 잠잘 때에는 담요로 쓸 수도 있다. 하얀색이 쉽게 더러워지기 때문에 요즈음에는 회색을 많이 입기도 한다.
한편 옷의 색으로 부족을 알아볼 수도 있다. 베르베르족의 한 종족인 투아레그족은 남색 옷을 입고 눈을 제외한 얼굴과 목에 터번을 두른다. 대개 이슬람교를 믿는 여자들이 머리를 가리는데, 투아레그족은 남자들이 가리는 특이한 풍습을 가지고 있다. 자신이 성인 남자임을 나타내는 동시에 나이 든 어른에 대한 예의를 표현하기 위해서라고 한다.

▶이슬람교의 영향

이슬람교를 믿는 이 지역 남자들은 대개 챙이 있는 모자를 쓰지 않는다. 땅에 엎드려 예배할 때 챙이 있는 모자는 불편하기 때문이다. 그래서 이 지역 남자들은 '타르부쉬'를 쓴다. 타르부쉬는 터키에서 들어온 원통형의 빨간색 모자로 대개 모로코와 튀니지 남자들이 쓴다.

여자들은 이슬람교의 영향으로 대부분 히잡을 쓰는데, 눈을 제외한 얼굴 전체를 가리기도 하고, 얼굴을 드러낸 채 머리와 턱 아래를 가리기도 한다. 히잡은 천의 종류와 디자인, 색이 다양하다.

식생활

▶세계 최초로 빵을 만든 이집트

이집트인들은 아침 식사로 '에이쉬'와 '풀'을 같이 먹는다. 이이쉬는 밀가루 반죽을 얇게 펴서 화덕에서 구운 빵으로, 속이 비어 있고 모양이 동그랗다. 이집트는 세계에서 빵을 처음 만든 곳이라고 알려져 있어, 에이쉬의 역사가 얼마나 오래되었는지 짐작할 수 있다. 고대 이집트의 벽화에서도 빵을 만드는 모습을 표현한 그림들을 찾을 수 있다.
'풀'은 콩을 오랫동안 삶아 걸쭉하게 만든 음식으로 올리브유와 레몬주스 등을 뿌려 맛을 낸다. 여기에 에이쉬를 찍어 먹는다. 이집트인들은 아침 식사는 에이쉬와 풀로 가볍게 하

지만 점심은 푸짐하게 먹는다. 손님을 초대하는 경우도 많다. 이곳 사람들이 즐겨 먹는 음식으로는 '따아미야'가 있다. 이것은 콩을 갈아 둥글게 빚어 채소와 함께 기름에 튀긴 것으로 에이쉬에 넣어 먹기도 한다. 우리나라의 군만두와 비슷하다.

이 밖에 쌀과 콩을 볶아 지어 삶은 마카로니와 볶은 양파 등을 얹어 만든 '쿠샤리'가 있다. 쿠샤리는 이집트 전통 요리로 우리나라의 비빔밥과 비슷하다. 매운 고추 소스와 식초를 곁들이거나 빵에 싸 먹기도 한다.

▶지중해의 맛 튀니지 음식

튀니지의 음식에는 지중해 음식의 특성이 잘 나타나 있다. 튀니지도 지중해 주변 나라들처럼 마늘, 양파, 올리브유, 레몬 등을 양념으로 사용한다. 특히 '식탁의 어른'이라고 불리는 올리브는 튀니지 식탁에서 빠지지 않는다. 올리브는 양념을 하거나 익히지 않고 그냥 먹기도 하지만 대개 소금에 절여 우리나라의 장아찌처럼 오래 두고 먹는다. 또는 매운 고추 등의 향신료를 넣어 먹기도 했다. 튀니지 사람들은 식사 전에 '마흐쉬'와 '브릭'을 꼭 먹는다. 마흐쉬는 아랍인들이 즐겨 먹는 음식으로 채소 속에 고기와 다른 재료를 넣어 만든다.

브릭은 밀가루로 만든 얇은 껍질 속에 달걀, 치즈, 참치를 넣고 올리브유에 튀긴 요리이다. 브릭은 먹을 때 겉은 바삭바삭하고 달걀노른자가 입속으로 흘러들어올 정도로 튀겨야 한다. 그리고 '옷자'라는 것이 있는데, 이것은 고기나 생선을 동그랗게 잘라 토마토소스와 달걀, 후추, 마늘, 미나리 등과 함께 약한 불에 끓인 음식이다.
튀니지 사람들은 긴 형태의 빵을 옷자에 찍어 먹는다. 그리고 우리나라의 고추장처럼 보이는 매운 양념인 '하리사'에 빵을 찍어 먹기도 한다. 이 밖에 튀니지 음식에는 새우, 오징어, 생선 등의 해산물을 사용한 것이 매우 많다.

▶리비아 음식

리비아는 다양한 과일들이 많이 재배되어 후식으로 주로 맛 좋은 과일들이 나온다. 리비아인들은 식사 전에 입맛을 돋우기 위해 '샤르바'를 먹는다. 샤르바는 향신료가 잔뜩 들어간 리비아의 대표적인 수프이다.
이 밖에 '바진'이라 불리는 파스타 요리가 있는데, 보통 보리와 소금, 물로 만든다. 리비아에서는 올리브와 오렌지, 대추야자, 살구 등의 과일이 많이 재배되기 때문에 후식으로 신선하고 맛 좋은 과일을 항상 맛볼 수 있다.

주생활

▶사막의 집

사하라 사막을 떠돌아다니는 유목민들은 한곳에 오래 살지 않기 때문에 대부분 집을 짓지 않고 천막을 치고 산다. 천막은 커다란 천 1장을 여러 개의 막대로 받치고 땅에 말뚝을 박아 쉽게 칠 수 있다. 그리고 떠날 때에는 천막을 걷어 낙타에 식고 가면 된다. 하지만 때로는 짚이나 야자나무 줄기, 흙으로 임시로 집을 짓기도 한다.

사하라 사막 지역에 사는 베르베르족은 '구르파'라는 집을 짓고 산다. 이 집은 바람에 실려오는 모래가 쌓이지 않도록 지붕이 둥근 모양이다. 흙이나 돌로 벽을 만들고 창문이 없다. 외부 사람들의 공격을 막기 위해 경사진 언덕에 여러 채가 모여 있다. 알제리 남부와 튀니지 남부의 산악 지역에 사는 유목민들은 부드러운 석회암을 파서 만든 동굴에서 산다. 튀니지의 '마르마타'가 대표적이다. 동굴 안으로 들어가면 벽은 회백색으로 칠해져 있고, 바닥에는 붉은 흙이 그대로 있다. 창문도 없고 방 하나가 침실, 부엌, 거실 역할을 모두 한다.

▶지중해 해안의 도시

지중해 해안 지역은 지후 조건이 좋아 농경문화가 발달했기 때문에 일찍 도시가 생겨났다. 이러한 도시를 '메디나'라고 한다. 메디나는 성벽으로 둘러싸여 있고 중심에는 모스크가 있다. 메디나는 미로처럼 좁고 꼬불꼬불한 골목길로 유명하다. 골목 안쪽에는 수공업자들의 작업장과 상점이 모여 있는 전통 시장 '수크'와 학교 등이 자리잡고 있다. 길이 매우 복잡하기 때문에 다른 마을에서 온 사람이나 관광객은 길을 잃기 쉽다.

메디나의 집들은 대개 대문 안쪽에 정사각형 모양의 정원이 있고 분수가 있는 집도 있다. 이런 전통적인 주거 형태를 잘 보여 주는 곳 중 하나가 튀니지의 시디 부 사이드이다. 이곳은 하얗게 칠한 벽에 파란 창틀과 파란 대문을 단 집들이 파란 하늘을 배경으로 하고 있어서 그림처럼 아름답다.

'시디 부 사이드'와 대조적으로 모로코의 마라케쉬는 도시 외곽을 둘러싼 성벽, 궁전, 사원 모두 붉은 색이 감도는 황토로 지어져 있다. 오늘날에는 현대식 주택인 아파트와 빌라 등이 들어선 신도시도 많이 생겨났다.

수크의 구조

모스크와 가장 가까운 곳에는 양초, 기름, 향수 등을 파는 상인들과 책을 제본하고 판매하는 사람들이 자리 잡고, 모스크에서 가장 먼 곳에 도자기나 가죽 등을 만드는 기술자들의 작업장이 있다.

이슬람교와 크리스트교는 어떻게 다른가?

우리나라에는 이슬람교를 믿는 사람은 흔하지 않아서 크리스트교를 믿는 신자가 많다. 그러다보니 크리스트교는 친근하지만 이슬마교는 낯설게 느껴지는 것은 당연할 것이다. 하지만 이슬람교는 신자 수가 15억 명이나 되는 크리스트 교 다음으로 신자가 많은 종교이다. 이슬람교와 크리스트교 모두 다 유일신을 믿는다는 공통점이 있지만 차이점도 있다. 차이점은 어떤 것이 있을까?

	이슬람교	크리스트교
신	**이슬람교에서 믿는 유일신 알라** '알라'는 아랍 어로 '유일신'이라는 뜻으로 우주 만물을 창조한 신이다. 알라를 믿고 따르는 사람들은 천국에서 알라의 은총을 받는다.	**크리스트교에서 믿는 하나님** 크리스트교에서 믿는 유일신으로 우주를 창조하고, 사람이 죽으면 믿음에 따라 천국과 지옥을 결정한다는 점에서 알라와 같다.
경전	**알라의 말씀을 기록한 '쿠란'** 무함마드를 통해 전해진 알라의 말씀을 후대에 기록한 것인데 주된 내용은 우주를 창조한 유일신 알라에 대한 것으로 '쿠란'외에 무함마드의 언행을 기록한 '하디스'가 있다.	**구약 성서와 신약 성서** 우주 만물을 창조한 하나님에 대한 구약 성서와 하나님이 보낸 아들인 예수 그리스도의 언행을 기록한 신약 성서로 나뉜다.
예배방식	**하루에 다섯 번 행하는 예배** 이슬람 교를 믿는 사람들은 하루에 다섯 번(새벽, 낮, 오후, 저녁, 밤) 개인 예배를 드리고, 매주 금요일에는 모스크에서 합동 예배를 드린다. 예배를 드릴 때에는 반드시 성지 메카를 향하고 '코란' 구절을 암송한다.	**일요일에 드리는 합동 예배** 매주 일요일에 교회에서 합동 예배를 드리면서 신부(목사)의 설교와 찬송, 성서 낭독이 주를 이룬다.
중요한 가 치	**하평등을 중요하게 여기는 이슬람 교** 평등은 이슬람교가 처음 생겨날 때부터 가장 중요하게 내세운 가치이다. 무함마드는 메카인들이 빈부 격차로 인한 갈등을 겪고 있을 때, 사상을 기초로 한 이슬람교를 전파했다.	**사랑을 중요하게 여기는 크리스트교** 리스트교가 가장 중요하게 여기는 덕목은 사랑이다. 크리스트교 신자들은 "마음과 정성과 힘을 다하여 하나님을 사랑하고, 네 이웃을 네 몸과 같이 사랑하라"는 예수의 말을 따른다.

이슬람에 대하여

▶이슬람의 다섯 기둥

이슬람교를 믿는 사람들을 '무슬림'이라고 하는데 무슬림이면 누구나 일상생활 속에서 꼭 지켜야 할 5가지 규범이 있다. 이것을 '이슬람의 5 기둥'이라고 한다.

1. "알라 외에 다른 신은 없고, 무함마드는 알라가 보낸 예언자이다"라고 신앙 고백을 한다.
2. 하루에 5번(새벽, 낮, 오후, 저녁, 밤) 예배를 드림으로써 계속해서 마음을 깨끗하게 정화한다.
3. 수입의 1/40을 가난한 사람들을 위해 내놓음으로써 이기심을 버린다.
4. 이슬람 달력으로 9월에는 해가 떠 있는 동안 단식을 함으로써, 가난한 사람들의 처지를 생각해 보고, 스스로 욕망을 억누르는 법을 익힌다.
5. 평생에 한 번은 바느질하지 않은 흰 천을 입고 메카를 순례한다.

모스크의 구조

모스크의 외관은 하늘을 상징하는 둥근 지붕과 뾰족한 탑으로 이루어져 있다. 모스크의 마당에는 예배 드리기 전에 손이나 발을 씻기 위한 샘이 있고 한쪽에는 뾰족한 탑이 있다. '무아딘'이라고 불리는 사람이 탑에 올라가 큰 소리로 예배 시간을 알린다. 모스크의 내부에는 종교적인 그림이나 조각이 전혀 없다. 이슬람교에서는 신의 모습을 표현하는 것을 금하기 때문이다. 다만 벽면에 쿠란의 구절이 아름다운 서체로 쓰여 있고, 메카를 가리키는 미흐라브와 쿠란을 낭독하거나 설교를 하기 위해 높은 단이 있을 뿐이다. 마흐라브는 메카를 가리키는 표시로 벽면이 움푹 들어간 곳을 말한다.

이슬람교도들은 예배 전에 몸과 마을을 깨끗이 하기 위해 손, 얼굴 등을 물로 씻는 '우두'를 하고 예배를 드린다.

세계 곳곳의 모스크들

이슬람교는 세계 곳곳으로 빠르게 퍼져 나갔다. 사람들은 이슬람교가 전파된 길을 따라, 곳곳에 멋진 모스크를 세웠다. 모스크는 이슬람교를 믿는 사람들이 신에게 예배를 드리는 곳이자, 이슬람교 교리를 배우고 실천하는 곳이다. 오랜 세월동안 세계의 여러 민족이 세운 다양한 모스크를 알아보자.

▶하람 모스크

이슬람교에서 가장 권위 있는 사우디아라비아의 하람 모스크는 7세기에 무함마드 시대에 아랍 종교의 중심지였던, 메카의 카바 신전을 중심으로 만든 모스크이다. 해마다 전 세계에서 수백만 명이 성지로 순례를 온다.

▶젠네 모스크

11세기 경, 서아프리카는 북아프리카와 교역하면서 이슬람교를 받아들였고 지금은 인구의 90%가 이슬람교를 믿고 있다. 서아프리카는 진흙이 많기 때문에 모스크를 지을 때도 진흙을 이용했다.

▶블루 모스크

터키 이스탄불의 블루 모스크는 11세기경에 중앙아시아에 살던 유목민들도 이슬람교를 받아들였다. 그

중에서도 오스만 투르크족은 오스만 제국을 세우고, 돔 형식으로 모스크를 세웠다. 그 대표적인 것이 17세기에 세워진 블루 모스크이다. 블루 모스크는 내부가 화려한 푸른색 타일로 장식되었기 때문에 붙은 별명이다.
블루 모스크에는 크고 웅장한 6개의 미너렛이 있다. 미너렛이란 모스크 주변에 세우는 뾰족탑을 일컫는 말인데, 블루 모스크가 6개의 미너렛을 가지게 된 데에는 재미있는 사연이 있다. 블루 모스크를 짓도록 한 오스만 제국의 술탄 아흐메트 1세는 어느 날, 메카로 성지순례를 떠나게 되었다. 떠나기에 앞서 아흐메트 1세는 신하들에게 블루 모스크 주변에 황금으로 된 미너렛을 세우라고 명령했다. 그런데 계속되는 전쟁과 전축 사업으로 나라에는 돈이 별로 없어서 금을 구할 수가 없었다. 이에 신하들은 꾀를 냈다. 터키 어로 '황금'은 'altin'이고, '여섯'은 'alti'로 발음이 비슷하여 아흐메트 1세가 황금(altin) 미너렛이라고 말한 것을 여섯(alti) 개의 미너렛이락 알아들은 척하고 그냥 돌로 6개의 미너렛을 세워 버렸다.

▶샤 알람 모스크

14세기에 이슬람 상인을 통해 말레이시아에서도 이슬람교가 전해졌다. 오늘날 말레이시아 인구의 50%는 이슬람교 신자이다. 이스탄불의 블루 모스크를 닮은 이 모스크는 1988년에 세워졌다.

▶이맘 모스크

7세기 중반에 이슬람교가 페르시아까지 전파되었다. 옛 페르시아 땅에 세워진 이맘 모스크는 페르시아의 건축 양식을 본떠 만들었다. 이맘 모스크는 해가 뜨거나 저물 때 햇빛의 각도가 달라짐에 따라 겉면의 파란색 타일 빛깔이 매우 아름답기 때문에 '세상에서 가장 아름다운 모스크'라고 불린다.

세계 최대의 사하라 사막은 어떤 느낌으로 다가올까?

여행자들이 모로코를 찾는 이유 중 가장 중요한 이유 중에 하나는 사하라 사막을 보기 위해서이다. 여행자들은 모로코의 메르주가(Merzouga)에서 1박2일이나 마카케시(Marrakesh)에서 2박 3일짜리 투어를 참가한다. 10여 명의 여행자를 모아 함께 낙타에 올라 깊숙한 사막으로 들어간다. 낙타 사파리는 1시간 30분~2시간 정도 걸리는데 사막을 들어갈 때 한 번, 나올 때 한 번 탄다. 낙타가 사구를 하나둘 넘어갈수록 '사하라'는 제 속살을 유감없이 보여준다.

모래언덕이 끝없이 펼쳐지고, 어느 순간 방향 감각도 사라진다. 낙타 사파리의 하이라이트는 사하라의 노을과 마주하는 순간. 해가 지면 하늘은 황금색에서 짙은 황색으로 변하고 다시 다홍색으로 바뀌는 놀라운 '스카이 쇼'를 선보인다. 저녁식사 시간에 화덕에 구운 베르베르식 피자와 육즙이 듬뿍 밴 양고기가 나오는 사하라의 만찬도 일품이다. 식사가 끝나면 베르베르인들의 기묘한 연주와 함께 밤늦도록 춤판이 벌어진다.

사막의 은하수

맛있게 먹고 열심히 춤을 추면 행복에 젖어 잠자리를 청한다. 사막의 밤은 춥다. 그래서 가이드는 도착하자마자 장작을 피우고 모래를 섞어서 바닥에 골고루 뿌린 후에, 카펫을 깔고 다시 그 위에 침낭을 덮고 잠을 잔다. 잠을 자기 위해 침낭을 덮고 누우면 '하늘은 별들이 쏟아질 것 같다'는 표현이 정확하다. 손에 잡힐 듯 말 듯 다들 자신이 태어나서 볼 수 있는 별은 다 본 것 같다고 말한다. 주위의 정적에 불빛 하나도 보이지 않는다. 이것이 "여행자의 감동을 만드는 포인트"이다.

눈을 감고 잠을 청하면 작은 동물들의 소리가 들린다. 그 소리에 문득 잠에서 깨어나 눈을 뜨면 은하수가 쏟아질 듯 늘어서 있다. 추워서 잠들지 못하고 덜덜 떨면서 별을 보는 재미에 빠져든다. 한밤중이 되면 은하수와 별똥별이 선사하는 환상적인 밤하늘이 선물처럼 펼쳐진다. 삼각대를 준비하면 멋진 인생 사진을 건질 수 있다.

"사막에서는 그 어떤 것도 실망할 수 없다. 실망은 자신에게만 할 수 있다"
베르베르인들의 속담에는 "사막에서는 그 어떤 것도 실망할 수 없다. 실망은 자신에게만 할 수 있다"는 속담이 있다. 우리가 누리는 편리한 도시의 문명이 얼마나 소중한지 느끼게 된다. 물 쓰듯 쓰는 물은 당연한 것이 아니라는 사실을 알게 된다.

잠자리에서 별을 볼 수 있는 것이 얼마나 특별한 일인지, 아침이면 밤새 지나쳐 간 동물과 곤충의 발자국을 발견하는 것도 또 다른 즐거움이다. 이곳에 오지 않았다면 분명 깨닫지 못했을 사실인 것이다.

세계에서 가장 넓은 사막으로 알려진 사하라 사막, 사방으로 끝없이 이어진 사막의 풍경이 장관이다. 뜨거운 사막을 걸어가는 사람들의 모습이 신기루처럼 보인다. 붉은 사막 속에 있는 모래들이 점점 더 붉어진다. 말로만 듣던 사막에 실제 와서 느끼는 경외감은 자연이 얼마가 거대하고 나를 작아지게 만드는지 알게 해준다. 붉은 모래와 기이한 사막의 풍경들이 탄성을 자아내게 한다. 바람이 만든 사막의 무늬가 마치 물결처럼 보인다. 사막을 찾은 여행자들은 자연이 만든 완벽한 촬영장을 배경으로 영화의 주인공이 되기도 한다. 어디를 봐도 한 폭의 그림이다.

아침이 되어 일어나면 모두 퉁퉁 부은 얼굴을 보여준다. 잠자리가 불편하지만 누구도 불평하지 않는다. 오히려 새로운 에너지로 새로운 일상을 시작할 수 있다. 떠나본 사람만 느낄 수 있는 소중함과 특별함이 사하라 사막투어에는 존재한다.

여행 아랍어 /프랑스어

아랍어

안녕하세요(Hello)
아-살람 / as-salam 'alaykum

안녕히 가세요(Good-bye)
마-살람 / ma' as-salam

네(Yes) | 이예 / iyeh

아니오(No) | 라 / la

제발(Please) | 아팍 / 'afak

감사합니다(Thank you) | 수크란 / shukran

천만에요(You're welcome)
라 수크란 알라 바지브 / la shukran, 'ala wajib

실례합니다(Excuse me) | smeH Liya

이해합니다(I understand) | 헴트 / fhemt

이해 못 합니다(I don't understand)
마헴트쉬 / mafhemtsh

어디에서 차를 빌릴 수 있나요?
(Where can I hire a car?)
페인 임킨 아나 아크라 토모빌
fein yimkin ana akra tomoil

하루에 이 방은 얼마인가요?
(How much is this room per night?)
바샤할 알-바야트 리알 / bshaHal al-bayt liyal

도와주세요(Help) | 테퀴 / 'teqni

의사를 불러주세요(Call a docter)
예옛 앗-타비브 / 'eyyet at-tabib

경찰을 불러주세요(Call a police)
예옛 알 보리스 / 'eyyet al-bolis

월요일(Monday) | 알-이트넨 / (nhar) al-itnen]

화요일(Tuesday) | 아트-탈라타 / (nhar) at-talata]

수요일(Wednesday) | 알 아르바 / (nhar) al-arba']

목요일(Thursday) | 알-카미스 / (nhar) al-khamis]

금요일(Friday) | 알-주마 / (nhar) al-juma']

토요일(Saturday) | 아스-삽트 / (nhar) as-sabt]

일요일(Sunday) | 알-아하드 / (nhar) al-ahad]

프랑스어

안녕하세요(Hello) | Bonjour

안녕히 가세요(Good-bye) | Au revoir

네(Yes) | Oui

아니오(No) | Non

제발(Please) | S'il vous plait

실례합니다(Excuse me) | Excusez-moi

감사합니다(Thank you) | Merci

좋아요(That's fine) | Je vous en prie

이것은 얼마인가요?(How much is it?)
C'est combien?

하루에 이 방은 얼마인가요?
(How much is this room per night?)
Quel est le prix par nuit?

어제(yesterday) | hier

오늘(today) | aujourd'hui

내일(tomorrow) | demain

월요일(Monday) | lundi

화요일(Tuesday) | mardi

수요일(Wednesday) | mercredi

목요일(Thursday) | jeudi

금요일(Friday) | vendredi

토요일(Saturday) | Samedi

일요일(Sunday) | dimanche

조대현
63개국, 198개 도시 이상을 여행하면서 강의와 여행 컨설팅, 잡지 등의 칼럼을 쓰고 있다. MBC TV 특강 2회 출연(새로운 나를 찾아가는 여행, 자녀와 함께 하는 여행)과 꽃보다 청춘 아이슬란드에 아이슬란드 링로드가 나오면서 인기를 얻었고, 다양한 강의로 인기를 높이고 있으며 '트래블로그' 여행시리즈를 집필하고 있다.
저서로 크로아티아, 모로코, 호주, 가고시마, 발트 3국, 블라디보스토크, 퇴사 후 유럽여행 등이 출간되었고 후쿠오카, 러시아 & 시베리아 횡단열차, 폴란드, 체코&프라하, 아일랜드 등이 발간될 예정이다.

폴라 http://naver.me/xPEdID2t

정덕진
10년 넘게 게임 업계에서 게임 기획을 하고 있으며 호서전문학교에서 학생들을 가르치고 있다. 치열한 게임 개발 속에서 또 다른 꿈을 찾기 위해 시작한 유럽 여행이 삶에 큰 영향을 미쳤고 계속 꿈을 찾는 여행을 이어 왔다. 삶의 아픔을 겪고 친구와 아이슬란드 여행을 한 계기로 여행 작가의 길을 걷게 되었다. 그리고 여행이 진정한 자유라는 것을 알게 했던 그 시간을 계속 기록해나가는 작업을 하고 있다. 앞으로 펼쳐질 또 다른 여행을 준비하면서 저서로 아이슬란드, 에든버러, 발트 3국, 퇴사 후 유럽여행, 생생한 휘게의 순간 아이슬란드가 있다.

트래블로그

모로코

초판 4쇄 인쇄 I 2019년 9월 20일
초판 4쇄 발행 I 2019년 9월 27일

글 I 조대현, 정덕진
사진 I 조대현
펴낸곳 I 나우출판사
편집 · 교정 I 박수미
디자인 I 서희정

주소 I 서울시 중랑구 용마산로 669
이메일 I bluewizy@gmail.com

979-11-89553-88-3(13980)

※ 일러두기 : 본 도서의 지명은 현지인의 발음에 의거하여 표기하였습니다.